W0039579

Traumjob in Sicht

Schritt für Schritt zur perfekten
Bewerbung: So stechen Sie mit
Ihrem Anschreiben und Lebenslauf
garantiert hervor

+ inklusive Bewerbungssoftware
Testversion (optional als Zusatz)

Ein Buch von: Sebastian Jacobitz

1 Einleitung   5

2 Wo der Traumjob gefunden werden kann   11

3 Die Kontaktaufnahme   23

4 Das Interesse mit dem Bewerbungsschreiben wecken   40

5 Gestaltung des Bewerbungsschreibens   55

6 Häufige Fehler des Anschreibens   75

7 Worauf es beim Lebenslauf ankommt   87

8 Welche Inhalte gehören in den Lebenslauf   102

9 Wie mit einer Lücke im Lebenslauf umgehen   118

10 Vorbereitung auf das Vorstellungsgespräch   129

11 Die Unterhaltung meistern   144

12 Beliebte Fragen beim Vorstellungsgespräch   163

13 Diese Tipps führen zum erfolgreichen Gespräch   177

14 Der Einfluss von Social Media auf den Bewerbungsprozess   188

15 Wie mit Absagen umgehen   199

16 Der Bewerbungsprozess aus Sicht des Personalchefs   213

17 Skurrile Bewerbungen und Gespräche   222

18 Schlussbemerkungen   229

1 Einleitung

Den eigenen Traumberuf nachgehen zu können, ist mit einiger Arbeit verbunden. Zuerst müssen die Grundlagen erfüllt und die notwendige Qualifikation erreicht werden. Das Studium kann als Voraussetzung gelten oder es ist nur mit einer Ausbildung möglich um das Ziel zu erreichen. Die fachliche Qualifikation ist aber nur ein Bereich, um dem Ziel des Traumberufes näherzukommen. Heutzutage werden auch Soft-Skills und andere Kompetenzen wichtiger, die nicht direkt mit der Qualifikation zusammenhängen. Diese sollen beweisen, dass man in der Lage sei, in einem Team zu arbeiten und die Herausforderungen des Berufsalltags meistern kann.

Selbst wenn diese Voraussetzungen erfüllt wurden, ist dies noch keine Garantie dafür, dass der Traumberuf in die Realität umgesetzt werden kann. Jetzt muss noch die Hürde der Bewerbung genommen werden. Die beste Qualifikation und das Erfüllen aller Voraussetzungen haben keinen Effekt, wenn die Bewerbung nicht sauber erstellt wird und eher als abschreckendes Beispiel gilt. Der beste Bewerber kann sich selber ins Abseits schießen, wenn die Bewerbung über Fehler verfügt, die bei jedem Personalmitarbeiter direkt zur Ablehnung führen.

Dieses Buch dient daher als Ratgeber, um die Bewerbung zu perfektionieren. Auf diese Weise kann eine Bewerbung angefertigt werden, die jeden Personalmitarbeiter überzeugen wird. Dies ist natürlich noch keine Garantie dafür, dass es mit der Einstellung klappen wird. Aber die eigene Person und die Qualifikation wird so gut es geht verkauft und positiv dargestellt. So haben selbst Bewerber, die eher unterdurchschnittliche Abschlussnoten haben und noch über keine Berufserfahrung verfügen, eine bessere Chance den Berufseinstieg zu meistern. Oder Arbeitnehmer, die mit Ihrem aktuellen Job unzufrieden sind, können mit einer herausragenden Bewerbung schneller den Absprung schaffen und sich neu in der Karriere orientieren.

Inhalte des Buches

Damit es mit der Bewerbung besser funktioniert, geht das Buch im Wesentlichen auf drei Aspekte der Bewerbung ein. Diese sind das Anschreiben, der Lebenslauf und das Vorstellungsgespräch. Diese drei Aspekte werden als kritisch während der Bewerbung eingestuft und hier geschehen die häufigsten Fehler, die zu einem Ausschluss führen. Dabei ist zu beachten, dass sich die gängigen Normen und Gestaltungsregeln ändern. Dieses Buch ist auf dem aktuellsten Stand der Bewerbungsform und es muss keine Angst bestehen, dass Arbeitgeber schon wieder eine etwas andere Gestaltung wünschen.

Beim Anschreiben wird vor allem auf den Stil und den Inhalt eingegangen. Im Internet gibt es einige Vorlagen, mit denen das Anschreiben erstellt werden kann. Dies mag zwar praktisch und schnell gehen, aber letztlich durchschauen viele Personalmitarbeiter dieses Vorgehen. Sie kennen die Vorlagen und wissen über die gängigen Formulierungen Bescheid. Auch wenn es etwas aufwendig klingen mag und mit einiger Arbeit verbunden ist, sollte jedes Anschreiben individuell formuliert werden. Das Anschreiben ist eine Art Selbstpräsentation. Die eigene Person, die Fähigkeiten und Kompetenzen sollen so gut wie möglich verkauft werden. Wird ein standardmäßiges Anschreiben genutzt, offenbart dies bereits eine gewisse Lustlosigkeit und wird vom Personalmitarbeiter sehr schlecht aufgenommen.

Heutzutage sind vor allem selbstbewusste Mitarbeiter gefragt. Die Arbeitnehmer stehen immer häufiger vor komplexen Herausfordern und sollen in der Lage sein, diese selbstständig zu bewältigen. Daher ist es wichtig, den Eindruck zu vermitteln, dass es keine Probleme geben könnte, die zu schwierig seien. Im Anschreiben muss daher ein Schreibstil verwendet werden, der diese selbstbewusste Haltung zum Ausdruck bringt. Gleichzeitig muss das Anschreiben authentisch bleiben und dem eigenen Charakter entsprechen. Am Anfang mag dies noch etwas ungewohnt sein. Mit etwas Übung wird jedoch offensichtlich, welcher Stil am besten wirkt und zu der eigenen Person passt.

Der Lebenslauf ist ein weiterer Aspekt, der für die Bewerbung von großer Bedeutung ist. In diesem Abschnitt wird der berufliche Werdegang dargestellt. Dies erfolgt heutzutage achronologisch, also die letzte Station wird als erstes genannt. Dadurch erhält der Personalmitarbeiter, welcher den Lebenslauf liest, direkt eine Übersicht über die wichtigste Station in der Karriere und wie der aktuelle Stand ist. Im Lebenslauf sollen alle Stationen abgebildet werden. Dies geschieht in der Regel von der Oberschule bis zur aktuellen beruflichen Situation. Auch Praktika werden hier genannt, wobei darauf zu achten ist, dass bei einer Vielzahl von Praktika nur die genannt werden, die für die Stelle relevant sind.

Weiterhin bietet der Lebenslauf auch einen Einblick in die Persönlichkeit und die Kompetenzen. So werden interessante Tätigkeiten aufgeführt, die neben der Arbeit ausgeführt werden. Ehrenamtliches Engagement und ähnliche Aufgaben zeigen den meisten Personalmitarbeitern, dass eine gute Teamfähigkeit vorliegt. Dies ist in der modernen Arbeitsumgebung ein wichtiger Punkt, denn die Arbeitsplätze werden immer mehr vernetzt und die Zusammenarbeit gewinnt an Bedeutung. So sollten auch Hobbys und Interessen erwähnt werden.

Eine Lücke im Lebenslauf ist noch lange kein K.O.-Kriterium. In bestimmten Abschnitten des Lebens ist es völlig verständlich, dass eine kleine Lücke vorhanden ist. Nach dem Studium muss erst die Jobsuche begonnen werden und nicht immer wird direkt ein Anschluss gefunden, wenn eine befristete Stelle ausläuft. Wichtig ist der Umgang mit der Lücke. Diese sollte nicht verschwiegen werden. Besser ist es, wenn ausführlich dargestellt werden kann, weshalb die Lücke vorhanden war und welche Aufgaben dennoch nebenbei ausgeführt wurden. Wer tatsächlich über Monate praktisch keiner sinnvollen Aufgabe nachgegangen ist, wird beim Arbeitgeber etwas schlechtere Chancen haben. Dennoch ist dies natürlich kein Grund, um Bewerber komplett auszuschließen.

Wurden die formalen Hürden genommen, steht das Vorstellungsgespräch an. Hierbei signalisiert der Arbeitgeber bereits ein deutliches Interesse. Jetzt geht es darum, sich von seiner besten Seite zu präsentieren und das offene Angebot anzunehmen. In diesem Buch wird erläutert, wie das Vorstellungsgespräch abläuft und worauf Personalmitarbeiter achten. Anders als von vielen Kandidaten empfunden, fällt der Inhalt nicht so sehr ins Gewicht. Es kommt auch darauf an, wie der Kandidat sich präsentiert. Ist dieser sehr nervös und schnell aus der Fassung zu bringen oder ist er in der Lage auch in brenzligen Situationen die Nerven zu bewahren?

Das Vorstellungsgespräch ist ein erster Testlauf für den Beruf und soll verdeutlichen, wie der Arbeitsalltag aussehen könnte. Ist der Bewerber in der Lage dieser stressvollen Situation zu widerstehen und alles mit einer gewissen Ruhe anzugehen, wird der potenzielle Arbeitgeber sicherlich beeindruckt von dieser Leistung sein. Zudem werden die häufigsten Fragen beschrieben und mit welcher Erwartung der Arbeitgeber diese stellt. So kann perfekt reagiert werden und durch die umfangreiche Vorbereitung sinkt die Nervosität. Damit sind die Hauptkriterien erfüllt, die für den Arbeitgeber von Bedeutung sind und die Erfolgswahrscheinlichkeit, den Job letztlich zu ergattern, steigt wesentlich.

An wen ist dieses Buch gerichtet?

Viele Beispiele und Situationen sind eher an Berufsanfänger gerichtet. Diese verfügen noch überhaupt keine Erfahrung im Schreiben der Bewerbungen. Höchstens um einen Praktikumsplatz zu erhalten, wurde eine Bewerbung versandt. Damit es nach dem Studium oder dem Ausbildungsabschluss aber schnell klappt, wird sehr detailliert aufgezeigt, wie die Bewerbung zu verfassen ist. Dabei werden neben den inhaltlichen Kriterien auch der Aufbau und die formellen Aspekte beschrieben. Eine Bewerbung sollte sich zwar von der Masse etwas abheben, dies ist jedoch nicht so zu verstehen, dass die Formatierung völlig frei gestaltet werden darf. Hier gibt es enge Grenzen, die eingehalten werden müssen und Personalmitarbeiter fassen es sehr schlecht auf, wenn schon diese einfachen Spielregeln nicht eingehalten werden.

Neben den Berufsanfängern kann aber praktisch jeder Arbeitnehmer von diesem Buch profitieren. Es werden sehr umfangreich alle Aspekte einer Bewerbung unter die Lupe genommen und wenn eine berufliche Neuorientierung stattfindet oder der befristete Vertrag ausgelaufen ist, wird es notwendig sein, Bewerbungen anzufertigen. Das Jobcenter ist hierfür keine große Hilfe und in vielen Teilen auch nicht sehr nah an der Wirtschaft. Daher ist es notwendig sich selber weiterzubilden und zu erfahren, worauf es heutzutage bei der Bewerbung tatsächlich ankommt.

So ist für Jedermann etwas dabei und die Erfolgswahrscheinlichkeit, den passenden Job zu erhalten steigt immens. Dennoch darf nicht vergessen werden, dass selbst eine perfekte Bewerbung nicht immer zum Erfolg führt. Manchmal hat der Arbeitgeber schlichtweg ein anderes Anforderungsprofil und der Bewerber mag zwar über außerordentliche Qualifikationen verfügen, aber für die Stelle ungeeignet sein. Deshalb gilt, dass auch trotz Anfertigung sehr guter Bewerbungen, es nicht direkt klappen kann die passende Stelle zu erhalten.

Es muss gelernt werden, mit Absagen umgehen zu können. Dafür werden in diesem Buch passende Strategien erläutert und auch beschrieben, welche Maßnahmen umgesetzt werden können, um die fachliche Kompetenz zu steigern. So ist anzuerkennen, dass für einen möglichst hohen Erfolg nicht nur die Qualität der Bewerbung zählt, sondern auch, dass mit Rückschlägen souverän umgegangen wird.

Daher ist das Buch kein passender Ratgeber, um zu 100% den Traumberuf zu erhalten. Solche Versprechen sind unseriös und können in der Realität nicht eingehalten werden. Mithilfe dieses Ratgebers kann aber aus der eigenen Person und den Fähigkeiten das Maximum rausgeholt werden, um sich selber so gut wie möglich zu präsentieren. Dann klappt es ja vielleicht doch mit dem Wunschberuf und die Karriere erhält einen ganz neuen Schub.

Die folgenden Seiten können damit das gesamte Leben auf den Kopf stellen und dabei helfen, den eigenen Traum zu verwirklichen.

2 Wo der Traumjob gefunden werden kann

Nach dem Studium oder wenn die Frist des Arbeitsvertrages abläuft, muss ein neuer Job gefunden werden. Klassischerweise war dafür das Arbeitsamt zuständig oder es wurde in der Zeitung nach Stellenanzeigen gesucht. Mittlerweile sind dies eher veraltete Methoden, um den Traumberuf zu finden. Heutzutage gibt es vor allem im Internet einige Portale, die bei der Jobsuche eine Unterstützung bieten. Doch welches sind die Unterschiede und wie können diese zum eigenen Vorteil genutzt werden? Um die Erfolgschancen zu steigern, sollten verschiedene Portale genutzt werden, die dem eigenen Profil entsprechen. Hier folgt nun ein Ratgeber, der aufzeigt, welche Möglichkeiten es zur Jobsuche gibt und für wen diese geeignet sind.

Online-Portale

Die populärste Methode, um einen neuen Job zu finden ist mittlerweile die Suche im Internet. Hierfür gibt es verschiedene Portale, die sich teilweise stark voneinander unterscheiden und eine andere Zielgruppe ansprechen. Die Portale können sich von der Anzahl der Stellenanzeigen, der Aktualität und der Auswahl abgrenzen. Während manche Portale auf eine bestimmte Branche oder Berufsgruppe begrenzt sind, gibt es auch ganz allgemeine Webseiten, die praktisch für jeden Jobsuchenden infrage kommen und genutzt werden sollten. Im Folgenden werden einige Jobbörsen und deren Eigenschaften aufgezeigt.

Die erste Jobbörse, die vor allem bei Absolventen beliebt ist, ist Connecticum. Auf diesem Portal werden Angebote an Absolventen gerichtet. Sie richtet sich also im Wesentlichen an Akademiker oder solche, die sich gerade noch in der Ausbildung befinden. Studenten können hierüber nicht nur erste Kontakte mit Arbeitgebern knüpfen, sondern auch Praktika vereinbaren, um schon während der Studienzeit genauer abschätzen zu können, ob der Arbeitgeber und die Berufsrichtung den eigenen Wünschen entsprechen. Zudem besteht auch die Möglichkeit, ein Unternehmen zu finden, bei welchem die Abschlussarbeit angefertigt werden kann. Hierzu zählen vor allem Bachelor- und Masterarbeiten. Viele Universitäten bevorzugen es, wenn Studenten die Arbeit praxisnah in Zusammenarbeit mit dem Unternehmen schreiben. Für den Studenten ergibt sich daraus der Vorteil, dass bereits enge Kontakte geknüpft werden und häufig die Übernahme nach dem Abschluss angestrebt wird. Neben Praktika werden auch Traineestellen angeboten. Dabei handelt es sich um Stellen, in denen der Mitarbeiter für etwa ein bis zwei Jahre im Unternehmen speziell angelernt wird mit dem Ziel, eine Führungsposition oder andere hochrangige Funktion zu übernehmen.

Die größte Auswahl an Stellenanzeigen bietet die Arbeitsagentur. Dabei ist aber nicht der Gang in ein Jobcenter notwendig, um von diesem großen

Angebot zu profitieren. Online werden mehr als 1,5 Millionen offene Stellen angezeigt und damit ist die Arbeitsagentur mit Abstand die größte Jobbörse in Deutschland. Damit sollte dies eine der ersten Anlaufstellen sein, wenn ein neuer Job gesucht wird. Die Arbeitsagentur richtet sich dabei nicht an eine bestimmte Zielgruppe, sondern ist für Jedermann geeignet. Egal ob es sich um Absolventen handelt oder bereits einige Jahre Berufserfahrung vorhanden sind. Bei der Bedienung ist allerdings etwas Geduld gefragt. Hier sind kleinere Portale im Vorteil, die mit einer besseren Übersichtlichkeit punkten können. Das Angebot wird jedoch stetig erweitert und immer aktuell gehalten.

Manche Portale im Internet sprechen eine bestimmte Branche an. Eines solcher Portale ist "Ingenieurweb". Dieses richtet sich, wie der Name schon ausdrückt, vornehmlich an Ingenieure. Dabei werden technische Fachkräfte miteinbezogen. Die Branchen und die genaue Ausrichtung sind sehr vielfältig. Vornehmlich handelt es sich um technische Gebiete im Projektmanagement. Aber auch Ingenieure, die sich zum Beispiel eher im Vertrieb spezialisiert haben, können auf diesem Portal fündig werden. Dabei wird nicht nur Deutschland abgedeckt, sondern auch das deutschsprachige Ausland und teilweise die angrenzenden Länder. Für alle Studenten, die in einem Ingenieursfach unterwegs sind, lohnt sich frühzeitig der Blick in dieses Portal, um schon eine Übersicht über die beruflichen Aussichten zu erhalten. So kann es hilfreich sein, zu überblicken welche Fachrichtungen speziell sehr stark gesucht werden und die eigene Ausbildung kann in dieser Hinsicht angepasst werden.

Als eines der ersten Portale im Internet bekannt geworden ist "Monster". Dieses hat gerade in den Anfangszeiten, vor allem durch eine sehr intensive Fernsehwerbung, Nutzer gewonnen. Obwohl das Angebot sehr vielfältig ist und sich an keine bestimmte Zielgruppe richtet, ist die Funktionalität sehr gut geeignet, um selbst bei der größeren Auswahl noch die passende Stelle zu finden. So gibt es verschiedene Filter, mit denen die Branche und der genaue Berufszweig stärker eingegrenzt werden kann. Wer immer auf dem Laufenden sein will und ein ganz persönliches Angebot schätzt, kann sich für den Newsletter anmelden. Mit diesem werden die neuesten Stellen, die zum eigenen Profil passen, direkt per Mail gesendet. Zudem gibt es auch einige Ratgeber und andere Hinweise, mit denen die Bewerbung hoffentlich höhere Erfolgschancen hat.

Wurden schon einige Jahre Berufserfahrung gesammelt und ist ein höherer Abschluss vorhanden, dann bietet sich "StepStone" als geeignete Plattform an, um der Traumstelle näherzukommen. Die Zielgruppe dieser Jobbörse ist ganz klar eingegrenzt und richtet sich vor allem an Fachkräfte. Damit steigen auch die Anforderungen an die Stellen. Wer allerdings über die entsprechenden Qualifikationen und Berufserfahrung verfügt, kann auf dieser Plattform sehr gute Karrierechancen wahrnehmen.

Die Stellensuche beim Jobcenter

Das Arbeitsamt oder neuerdings Jobcenter, ist mit einigen Vorurteilen behaftet. So bringen viele diesen Ort mit überfüllten Fluren und einer insgesamt eher gruseligen Atmosphäre in Verbindung. Noch dazu scheinen Sachbearbeiter grundsätzlich unfreundlich zu reagieren und nicht wirklich daran interessiert zu sein, einen Job zu vermitteln. Die Realität sieht jedoch in den meisten Fällen anders aus und hängt im Wesentlichen auch davon ab, wie man selber gegenüber dem Jobvermittler auftritt. Natürlich besteht eine Gefahr darin, dass das Jobcenter mit der Anzahl an Kunden überfordert sein könnte und tatsächlich Zustände vorherrschen, die nicht als ideal angesehen werden. Dennoch arbeiten dort auch nur Menschen, die eine gute Absicht besitzen und das Ziel haben, Menschen wieder in den Arbeitsmarkt zu integrieren. Daher sollte das Angebot vorurteilsfrei genutzt werden, um einen Job zu finden.

Um die Erfolgschancen zu steigern, ist eine umfangreiche Kommunikation hilfreich. Dies sollte so gestaltet werden, dass direkt von Anfang an der Kontakt mit dem Sachbearbeiter gesucht wird. In einem ersten Gespräch kann direkt ermittelt werden, welche Ziele vorliegen und auf welche Weise diese erreicht werden sollen.

Das Jobcenter hat aber auch bestimmte Vorgaben, die ein Bewerber erfüllen muss. Hierzu gehört, dass dieser dokumentiert, wo und wie er sich beworben hat. Dies gewährt dem Jobcenter eine gewisse Sicherheit und es wird signalisiert, dass ein Job tatsächlich angestrebt wird. War die eigene Jobsuche erfolgreich und gibt es erfreuliche Nachrichten, sollten diese dem Jobcenter unverzüglich mitgeteilt werden. Dadurch wird vermieden, dass der Sachbearbeiter nach weiteren Stellen sucht, die möglicherweise in das Profil passen, obwohl der Kunde bereits eine Anstellung gefunden hat.

Damit die Zusammenarbeit mit dem Jobcenter möglichst effektiv funktioniert, sollten insbesondere beim Erstkontakt einige Dinge beachtet werden. An oberster Stelle gilt, dass der Sachbearbeiter nicht dafür zuständig ist, eine Anstellung zu vermitteln.

Seine Aufgabe ist es, passende Chancen dem Kunden mitzuteilen. Dieser muss dann aber Eigeninitiative ergreifen und sich selber bewerben und das Vorstellungsgespräch meistern. Der Sachbearbeiter kann in dieser Hinsicht etwas Hilfe leisten, am Ende muss aber jeder Kunde selber über sein Schicksal entscheiden. Wichtig ist also die aktive Mitarbeit. Es kann sich nicht einfach zurückgelehnt und darauf verlassen werden, dass der Sachbearbeiter schon alles regeln würde.

Beim Umgang mit Behörden gibt es einige Regeln zu beachten. Nicht immer glänzen öffentliche Behörden mit einer strukturierten Arbeitsweise. Auch wenn dies die Ausnahme ist, sollte sich vor allen Eventualitäten abgesichert werden. Dies bedeutet, dass eine umfangreiche Dokumentation jegliche Kommunikation und Bewerbungsprozess belegen. Dadurch kann nicht im Nachhinein behauptet werden, dass bestimmten Aufforderungen nicht nachgegangen sei, welche mit Sanktionen verbunden wären.

Weiterhin gilt es, selber, auch abseits des Jobcenters, auf der Suche zu sein. Die hiesigen Angebote und Plattformen sollten weiterhin genutzt werden, um eine passende Stelle zu finden. Sich allein auf den Sachbearbeiter zu verlassen ist keine gute Idee und das eigene Potenzial würde verschenkt werden.

Das Jobcenter ist nicht nur die erste Anlaufstelle, wenn die Arbeitslosigkeit eingetreten ist. Es ist auch möglich, dort aktiv auf die Suche nach einem neuen Job zu gehen, wenn die aktuelle Anstellung nicht den eigenen Vorstellungen entspricht und Unzufriedenheit vorherrscht. Es kann also auch ganz ohne Zwang die Hilfe eines Sachbearbeiters in Anspruch genommen werden, der als Unterstützung für die weitere Suche dient. Dies ist vielen Arbeitnehmern gar nicht bewusst und es herrscht die Meinung vor, dass das Jobcenter nur in Anspruch genommen werden darf, wenn bereits die Arbeitslosigkeit eingetreten ist.

Indem die Meldung als "arbeitsuchend" erfolgt, werden die eigenen Daten in eine Datenbank aufgenommen. Offene Stellen werden nach dem eigenen Profil hin untersucht und entschieden, ob diese übereinstimmen. So kann auch aus einer laufenden Anstellung heraus eine Jobsuche stattfinden und eine passende Stelle gefunden werden.

Das Angebot der Arbeitsagentur ist noch weitreichender. Im Berufsinformationszentrum werden weitere Veranstaltungen angeboten, die nützliche Informationen für die Jobsuche liefern. Es werden zum Beispiel Informationen über verschiedene Branchen und Berufsbilder geliefert. Wer sich noch in der Orientierungsphase befindet und wenig Vorstellung davon hat, welche Tätigkeit in der Zukunft infrage kommt, kann dieses Angebot nutzen. Zudem werden auch verschiedene Workshops angeboten, bei denen die Anschreiben und Lebensläufe verbessert werden können.

So ist das Angebot des Jobcenters sehr vielfältig und sollte bei der Stellensuche nicht ungenutzt bleiben. Auch wenn es häufig mit Vorurteilen behaftet ist und nicht immer einen komfortablen Eindruck erweckt, ist die Zusammenarbeit mit dem Sachbearbeiter ein wichtiger Bestandteil, um schnell eine Anstellung zu finden.

Headhunter

Headhunter sind in der Arbeitswelt eher deswegen bekannt, weil Sie vor allem im Auftrag von Unternehmen handeln, um passende Kandidaten für eine offene Stelle zu finden. Haben Sie einen möglichen Bewerber gefunden, empfehlen Sie diesem, sich doch bei dem Unternehmen zu bewerben.

Doch der Headhunter kann auch anders herum funktionieren. Das Rollenverhältnis wird getauscht und der Bewerber meldet sich beim Headhunter. Dies funktioniert, indem betrachtet wird, wie die übliche Personalsuche abläuft. In weiten Teilen gehen Unternehmen nicht eigenständig auf die Suche nach potenziellen Kandidaten, um eine offene Stelle zu besetzen, sondern sie wenden sich an eine Personalberatung. Durch die Zusammenarbeit mit der Personalberatung werden die Aufgabe und die Verantwortung einen neuen Mitarbeiter zu finden, abgetreten. Die Personalberatung verfügt in der Regel bereits über ein breit gefächertes Netzwerk und kann umgehend Kandidaten vorschlagen, die für das Unternehmen interessant sein könnten. Das Unternehmen darf auf der anderen Seite aber nicht mehr eigenständig auf die Suche nach neuen Arbeitnehmern gehen.

Solche Arten der Zusammenarbeit von Personalberatungen und Unternehmen sind langfristig ausgelegt. Sie werden nicht nur einmalig eingesetzt, um eine Stelle zu besetzen, sondern kommen regelmäßig zum Zug, wenn neue Stellen geschaffen werden und neues Personal benötigt wird. Durch die enge Zusammenarbeit werden die Ansprüche und die Eigenschaften des

Unternehmens sehr gut herausgearbeitet und sind dem Personalberater bekannt.

Aufgrund dieser Vorgehensweise kann die Bewerbung beim Headhunter, der bei der Personalberatung arbeitet und im Auftrag des Unternehmens handelt, durchaus zum Erfolg führen. Es muss aber verstanden werden, dass es sich hierbei um eine langfristige Bewerbung handelt. Dass der Headhunter direkt eine offene Stelle hat, die dem Profil des Bewerbers entspricht ist äußerst unwahrscheinlich. Ergeben sich in der Zukunft aber Chancen und werden interessante Positionen frei, kann der Headhunter sich melden und die offenen Stellen weitergeben.

Daher ist die Bewerbung beim Headhunter eher geeignet, wenn eine langfristige Veränderung aus einer Festanstellung heraus, gewünscht wird. Wer hingegen direkt nach dem Studium so schnell wie möglich einen Job finden möchte, ist mit dem Headhunter eher schlecht beraten.

Damit die Bewerbung beim Headhunter erfolgversprechend ist, müssen einige Dinge beachtet werden. Zunächst sollten alle Online-Profile, die gefunden werden können, hinsichtlich der Jobsuche optimiert werden. Der Headhunter wird den Bewerber beim Unternehmen vorschlagen und dieses mit Sicherheit die Online-Präsenz überprüfen. Ist dieses in den einschlägigen sozialen Netzwerken mit fragwürdigen Aktivitäten verbunden, kann dies für die Jobsuche hinderlich sein.

Die Online-Profile dienen vor allem dem Selbstmarketing. Es kann eine genaue Haltung eingenommen und präsentiert werden, wofür die eigene Person eigentlich steht. Die Profile sollten hierbei nicht eine möglichst breite Masse ansprechen, sondern hinsichtlich der Fachkenntnisse optimiert sein. Zusätzlich kann das Wissen mit Gastbeiträgen oder anderen nützlichen Einträgen unter Beweis gestellt werden.

Die Zusammenarbeit mit dem Headhunter ist langfristig ausgelegt. Daher steht vor allem die Frage im Vordergrund, wo eigentlich die langfristige Karriereentwicklung hingeht. Schließlich wird der Wunsch verfolgt, die eigene Karriereleiter zu erklimmen und einen Fortschritt zu erzielen. Daher muss genau abgestimmt werden, wie die nächsten Schritte aussehen und welche Position angestrebt wird.

Danach erfolgt die Gestaltung der Bewerbungsunterlagen. Diese sind der Wunschposition anzupassen und so anzufertigen, dass eine zielgerichtete Formulierung vorhanden ist. Hier sollte zudem ein besonderer Fokus darauf bestehen, welche Leistungen den vorherigen Arbeitgebern erbracht wurden und inwiefern diese von der eigenen Mitarbeit profitierten.

Damit all dies klappt und die Bewerbung Früchte trägt, muss darauf geachtet werden, um welchen Headhunter es sich handelt. Häufig sind Headhunter eher auf Vorstandsebene spezialisiert und vor allem auf der Suche nach Personen, die das Unternehmen führen können. Daher sollte ein Headhunter gewählt werden, der hinsichtlich der eigenen Position und Fachkenntnisse spezialisiert ist. Ebenso sollte natürlich ein seriöser Headhunter gefunden werden. Es gilt also, dass auch der Hintergrund des Headhunters wichtig ist und eine genaue Auswahl getroffen werden sollte.

Auf diese Weise kann vor allem langfristig die Karriereplanung vorangetrieben werden und dank der Unterstützung des Headhunters ist womöglich der nächste Schritt gar nicht mehr so weit entfernt und die Karriere wird vorangetrieben.

Initiativbewerbung

Bisher wurde geschaut, welche Stellen denn von Unternehmen konkret ausgeschrieben wurden und was unternommen werden kann, um die Bewerbung so zu optimieren, dass diese perfekt auf die Stelle zugeschnitten sind. Mithilfe der vorgestellten Portale und des Jobcenters können bereits sämtliche Stellen erfasst werden, die gerade zu besetzen sind. Doch manchmal sind Unternehmen gar nicht konkret auf der Suche nach neuen Mitarbeitern, können aber trotzdem von einer Bewerbung so überzeugt sein, dass sie den Kandidaten zum Vorstellungsgespräch einladen und womöglich eine Anstellung erfolgt.

Auch wenn der Stellenmarkt riesig erscheint und die Auswahl an offenen Positionen schier überwältigend ist, ist damit nur ein Teil des gesamten Marktes erfasst. Rund 70 Prozent der Stellen werden über den verdeckten Stellenmarkt besetzt. Dies bedeutet, dass die Position gar nicht offiziell ausgeschrieben war. Eine Anstellung kann dann entweder über Vitamin B, also engen Beziehungen oder einer Initiativbewerbung erfolgen. Die Initiativbewerbung ist also gar nicht so aussichtslos und sollte daher als echte Chance wahrgenommen werden.

Die Initiativbewerbung erfolgt, ohne dass eine konkrete Stelle ausgeschrieben ist. Es wird also nicht auf einen Aufruf bei einer Jobbörse geantwortet. Dennoch sollte eine Bewerbung nicht einfach nur blind drauflos versendet werden.

Damit die Initiativbewerbung Aussichten auf Erfolg haben soll, muss zumindest ein Ansprechpartner bekannt sein. Idealerweise wurde bereits ein telefonischer Kontakt hergestellt und herausgehört, ob eine Bewerbung wohlwollend geprüft werden würde oder überhaupt kein Bedarf an neuen Mitarbeitern besteht.

Zudem erfolgt die Bewerbung immer auf eine konkrete Position, die im Unternehmen tatsächlich vorhanden ist. Sich einfach nur allgemein zu bewerben, die Fähigkeiten zu präsentieren und dann zu hoffen, dass das Unternehmen eine Stelle findet, die dem eigenen Profil entspricht, führt selten zum Erfolg. Die Bewerbung muss sehr fokussiert erfolgen. Daher ist es notwendig, dass die Unternehmensstruktur bekannt ist und welche Positionen überhaupt vorhanden sind.

Damit die Initiativbewerbung erfolgreich sein wird, sollte das persönliche Engagement unterstrichen werden, welches beweist, dass das Unternehmen bestens den eigenen Vorstellungen entspricht. Dadurch wird ersichtlich, dass ein besonderes Interesse besteht, dass sich von anderen Bewerbern deutlich abhebt. Auf diese Weise wird vielleicht nicht sofort eine Stelle gefunden, aber die Bewerbung wird vorgemerkt, wenn zukünftig eine Position frei wird.

So ist die Initiativbewerbung ebenfalls eher als langfristige Bewerbung aufzufassen. Mit etwas Glück, ist aber auch die direkte Anstellung notwendig. Dies klappt nur, wenn bereits ein erster Kontakt hergestellt wurde oder zumindest das Unternehmen sehr genau gekannt wird.

Das Ziel ist es, in erster Linie zum Vorstellungsgespräch eingeladen zu werden. Danach kann geschaut werden, welche Position im Unternehmen übernommen werden kann. Die Initiativbewerbung ist als Möglichkeit der Jobsuche also nicht zu unterschätzen. Insbesondere wenn Unternehmen exakt dem eigenen Profil entsprechen, sollte nicht davor gescheut werden, sich initiativ zu bewerben. Mehr als eine Ablehnung kann im ersten Moment nicht zurückkommen und falls in Zukunft eine Stelle ausgeschrieben wird, kann sich erneut beworben werden.

3 Die Kontaktaufnahme

Bevor es überhaupt zu der Anfertigung des Bewerbungsschreibens kommt, ist es hilfreich vorab schon mal mit dem potenziellen Arbeitgeber einen Kontakt herzustellen. Dies geht in der Regel über die entsprechenden Ansprechpartner, die in der Stellenbeschreibung erwähnt werden. Durch die direkte Kontaktaufnahme wird bereits eine persönliche Beziehung aufgebaut und die Bewerbung möglicherweise etwas wohlwollender aufgenommen.

Doch wie kann ein positiver erster Eindruck hinterlassen werden, ohne zu aufdringlich zu wirken? Schließlich wird innerhalb von wenigen Sekunden bereits unterbewusst entschieden, ob der Gesprächspartner als sympathisch eingestuft wird oder eher eine Abneigung besteht. Um wirklich einen bleibenden Eindruck zu hinterlassen und die Erfolgschancen zu steigern, sollten die folgenden Tipps und Regeln beachtet werden.

Weshalb eine Kontaktaufnahme so wichtig ist

Bewerber sind einer immer größeren Konkurrenz ausgesetzt. Auf jede Stellenausschreibung werden dem verantwortlichen Personalmitarbeiter dutzende

Bewerber präsentiert. Aus diesen hervorzustechen ist gar nicht so einfach. Sicherlich, positive Referenzen und gute Zeugnisse sind eine Möglichkeit, um fachlich zu überzeugen. Für die Arbeitsstelle ist jedoch nicht nur die fachliche Kompetenz gefragt. Oftmals entscheiden auch andere Faktoren und mitunter kann die Sympathie des Personalmitarbeiters ein entscheidender Punkt sein. Daher ist die erste Kontaktaufnahme wichtig, um sich von der Masse an Bewerbern abzuheben.

Die moderne Arbeitswelt sieht in vielen Teilen so aus, dass für eine Arbeitsstelle mehr als hundert Bewerbungen an den Personalchef geleitet werden. Aus diesen werden vielleicht eine Handvoll Bewerber zum Vorstellungsgespräch eingeladen. Dies sollte bereits aufzeigen, wie wichtig der erste Eindruck ist.

Daher ist es sinnvoll, zum Hörer zu greifen und noch vor dem Absenden des Bewerbungsschreibens ein Telefongespräch zu führen. Das Telefongespräch vermittelt einen ersten Eindruck und dient nicht nur dazu, die Erfolgschancen zu erhöhen. Aus Sicht des Bewerbers können wichtige Informationen für die potentielle Stelle gewonnen werden. Diese können entweder in das Anschreiben einfließen, oder der eigenen Einschätzung dienlich sein. Denn im Gespräch kann sich herausstellen, dass die Stelle eigentlich gar nicht dem eigenen Interessensgebiet entspricht und bei der Ausschreibung ein anderer Eindruck entstanden sei.

Dadurch kann von einer Bewerbung abgesehen werden und der Aufwand, der für das Schreiben angefallen wäre, entfällt komplett. Stattdessen kann die Energie genutzt werden, um sich nur für Stellen zu bewerben, die tatsächlich den eigenen Vorstellungen entsprechen. Die "Gießkannentechnik", also sich einfach auf so viele

Ausschreibungen wie möglich zu bewerben, ist wenig erfolgversprechend. Schließlich geht es bei der Bewerbung darum, eine Arbeitsstelle zu finden, die sowohl vom Gehalt, als auch dem Aufgabengebiet zu den eigenen Wünschen passt.

Daher kann mit einem gezielten Telefongespräch schon eine Vorauswahl stattfinden, mit der später einige Arbeit eingespart werden könnte. So ist der gesamte Prozess viel effizienter gestaltet und es wird zügiger gelingen, eine Stelle zu finden, die besser mit den eigenen Interessen vereinbar ist.

Wichtig beim ersten Kennenlernen ist, dass nicht einfach nur die Stellenbeschreibung vorgelesen wird und daraus Fragen abgeleitet werden, die eigentlich schon aus dem Anzeigentext beantwortet werden könnten. Dies vermittelt keinen guten ersten Eindruck und lässt eher an der Kompetenz zweifeln. Besser ist es, wenn detaillierte Fragen gestellt werden und diese sich direkt auf das Unternehmen beziehen. Dadurch wird ein Interesse geäußert und bereits aufgezeigt, dass man sich vorab mit der möglichen Arbeitsstelle intensiv auseinandergesetzt hat.

Durch das Telefongespräch gewinnen beide Seiten. Es sollte nicht als reine Zeitinvestition gesehen, sondern als Vorstufe zum eigentlichen Bewerbungsschreiben genutzt werden. Mithilfe des Telefongespräches entsteht ein erster Eindruck, der helfen kann den weiteren Prozess zu vereinfachen.

Damit dies gelingt und ein positiver Eindruck entsteht, sollten die folgenden Punkte beachtet werden.

Eine überzeugende Stimme entwickeln

Das Telefongespräch ist für viele Personen ein unangenehmes Hindernis. Es wird nur die Stimme wahrgenommen und es fehlt komplett die Körpersprache und das Gesicht, um die Reaktion des Gegenübers besser einschätzen zu können. In normalen Gesprächen von Angesicht zu Angesicht, findet ein Großteil der Kommunikation nonverbal statt. Dies bedeutet, dass gar nicht der Inhalt entscheidend ist, sondern die Körpersprache und Gestik. Am Telefon fehlen diese Eindrücke, weshalb viele eine regelrechte Angst vor der Kommunikation am Telefon entwickeln. Mit den passenden Techniken ist das Telefongespräch aber kein Hindernis mehr, sondern kann genutzt werden, um sich positiv zu präsentieren.

Die Körpersprache wird zwar nicht wahrgenommen, dies heißt aber nicht, dass es am Telefon zu 100 Prozent auf den Inhalt ankommt. Als Ersatz der Körpersprache dient die Stimme. Nicht umsonst heißt es, dass der Ton die Musik mache. Aus der Stimmlage und der allgemeinen Sprechweise können schon wichtige Erkenntnisse über den Charakter und der Persönlichkeit gewonnen werden. Ob diese tatsächlich zutreffen müssen und mit der Realität übereinstimmen, kann angezweifelt werden. Allerdings ist die Stimme der erste wichtige Indikator, wenn ein positiver Eindruck hinterlassen werden soll.

Der Stimme werden verschiedene Charaktereigenschaften zugesprochen. In der Arbeitswelt ist es von Vorteil, wenn ein selbstbewusstes Auftreten gezeigt wird. Das Selbstbewusstsein vermittelt Kompetenz und damit eine höhere Chance, die erforderlichen Arbeiten wie gewünscht auszuführen. Normalerweise wird das Selbstbewusstsein vor allem über die Körperhaltung ausgedrückt. Große einnehmende Gesten und eine offene Haltung gelten als Ausdruck eines hohen Selbstbewusstseins. Beim Telefongespräch ist die Körperhaltung nicht direkt zu erkennen. Das Selbstvertrauen kann allerdings mit einer tiefen Stimme vermittelt werden.

Dieses Phänomen, das tiefen Stimmen mehr positiven Fähigkeiten zugesprochen werden, zeigt sich praktisch in allen Lebenslagen. Helden im Fernsehen haben in den meisten Fällen eine deutliche, ruhige und vor allem tiefe Stimmlage. Eine geradezu winzige, leise und kaum zu verstehende Aussprache würde wohl kaum zu diesen Heldenfiguren passen. Leise Stimmen werden eher als verletzlich wahrgenommen. Im Vorstellungsgespräch herrscht in den meisten Fällen eine klare Hierarchie und der Bewerber ordnet sich dem Personalmitarbeiter unter. Dies sollte aber nicht bedeuten, dass eine unterwürfige Haltung in der Stimme zum Ausdruck kommt. So gut es geht, sollte eine tiefe und ruhige Stimmlage angeschlagen werden.

Dass Selbstbewusstsein durch eine tiefe und ruhige Stimmlage vermittelt wird, sollte keine große Neuigkeit sein. Dieser Effekt wird natürlicherweise durch das Unterbewusstsein wahrgenommen. Um im Gespräch mit der tiefen Stimme zu überzeugen, ist jedoch etwas Übung notwendig. Es ist nicht einfach damit getan, die Tonlage etwas zu verändern. Wenn dies nicht der eigenen Person entspricht, kann es schnell gekünstelt wirken und eher auf Ablehnung stoßen. Damit wäre eine noch größere Unsicherheit verbunden, da die Stimmlage künstlich verändert wird. Dies wird zudem als Unehrlichkeit eingestuft.

Es gibt allerdings Methoden, mit der eine tiefe Stimme erreicht werden kann, die auch wirkt. Im ersten Schritt gilt es, tief einzuatmen. Die Stimme benötigt viel Raum und genügend Luft, um kraftvoll und stark zu wirken. Die Luft wird nun mit einem langen "Hmmmm" wieder aus dem Mund gelassen. Beim Ausatmen wird der tiefe Grundton gefunden, der nun als Basis für das weitere Gespräch dient. Diese Übung sollte logischerweise vor dem Telefongespräch stattfinden.

Des Weiteren besitzen auch die Stimmlippen einen hohen Einfluss auf den Ton und die Charakteristik der Stimme. Sind diese geschwächt, kann sich dies schnell in der Stimme niederschlagen. Unterbewusst könnte dies vom Gesprächspartner als Schwäche aufgenommen werden. Natürlich wird kein Personalmitarbeiter zugeben, dass eine etwas erkältete Person im Telefongespräch keine Chancen mehr auf ein Vorstellungsgespräch hätte, allerdings fällt diese Beurteilung in das Unterbewusstsein.

Um eine stärkere Stimme zu erhalten ist auch die Körperhaltung wichtig. Wer beim Gespräch sitzt, wird eher eine eingeengte Haltung einnehmen. Der Bauchraum und das Zwerchfell können sich nicht richtig entfalten. Die Körperhaltung an sich, kann im Telefongespräch nicht direkt wahrgenommen werden. Über die Stimme erhält der Gesprächspartner allerdings einen Eindruck über die Körperhaltung. Wer sitzt, verfügt in der Regel über eine schwächere Stimme und wird daher als weniger selbstbewusst wahrgenommen. Besser ist daher, auch beim Telefongespräch aufzustehen. Dadurch wird eine stärkere Position vermittelt und die Stimme als kräftiger wahrgenommen.

Um nun zu testen, ob die eigene Stimme als angenehm erscheint, kann diese auf dem Smartphone aufgenommen werden. Im ersten Moment wird die Stimme wahrscheinlich als unangenehm empfunden. Dies ist ein natürlicher Effekt, denn die eigene Stimme wird selber ganz anders wahrgenommen, als vom Gesprächspartner. Daher kann es einige Zeit dauern, bis eine Gewöhnung an die eigene Stimme erfolgt. Wer lieber eine objektive Einschätzung haben möchte, kann auch einen guten Freund fragen, ob die Stimmlage als natürlich, aber gleichzeitig kraftvoll erscheint.

Die Stimmlage passend zum Beruf

Die Stimme kann für den ersten Eindruck entscheidend sein. Doch in manchen Bereichen ist sie viel mehr, als nur Ausdruck der eigenen Persönlichkeit. Für die Arbeit im Callcenter oder bei häufigem Kundenkontakt, gilt die Stimme bereits als ein Merkmal, dass für die Anstellung entscheidend sein kann.

In diesen Bereichen ist es besonders wichtig, über eine angenehme Stimme zu verfügen. Denn hier gilt, dass nicht nur die eigene Person, sondern auch das Unternehmen nach außen repräsentiert wird. Wer sich also in solch einer Branche bewirbt, sollte ganz genau darauf achten, dass die Stimme den Anforderungen entspricht und angenehm ruhig, sowie kraftvoll erscheint.

Wer in einem professionellen Umfeld anfangen möchte, wo die Stimme bereits ein wichtiges Merkmal ist, sollte nicht nur alleine Übungen ausführen. Diese können sogar dazu führen, dass sich die Stimme verschlechtert und eher als künstlich wahrgenommen wird.

Besser ist es in diesen Fällen, dass bereits vorab ein Stimmtraining erfolgt. Für die Bewerbung bei einem Callcenter muss dies noch nicht besonders ausführlich sein. Es genügt, wenn wenigstens erste Erfahrungen in diesen Bereichen gesammelt wurden. Dies kann schon eine einzelne Trainingsstunde sein, um sich von den anderen Mitbewerbern abzusetzen.

Wer allerdings in einer höheren Position arbeitet und einen häufigen Kundenkontakt erwartet, sollte über ein umfangreiches Training verfügen. Die Stimme sollte also in diesen speziellen Fällen nicht unterschätzt werden, denn sie kann einen wesentlichen Einfluss darauf nehmen, ob die Einladung zum Vorstellungsgespräch erfolgt oder ob eher ein unsympathischer Eindruck entstanden ist.

Wer sich allerdings schon im Vorfeld um eine gute Stimme bemüht, kann damit beim Telefongespräch punkten und sich einen Vorteil gegenüber den Mitbewerbern verschaffen.

Lächeln

Das Unterbewusstsein übt einen hohen Einfluss auf die Stimme aus. Die Stimme ist nicht nur Ausdruck des eigenen Charakters, sondern die innere Haltung beeinflusst auch die Stimmlage.

Damit die Stimme als angenehmer am Telefon empfunden wird, hilft es ein leichtes Lächeln auf den Lippen zu haben. Das Lächeln kann vom Gesprächspartner nicht direkt wahrgenommen werden. Dennoch besitzt das Lächeln einige positive Auswirkungen.

Durch das Lächeln verändert sich die eigene Stimmung und die Stimmlage. Diese klingt in der Regel etwas freundlicher und wird als positiver aufgenommen. Telefongespräche während der Bewerbungsphase gehören mit Sicherheit zu den eher stressigeren Aufgaben. Da kann es schnell passieren, dass man selber etwas lustlos wirkt und sich wahrscheinlich lieber mit etwas Anderem beschäftigen würde.

Durch das Lächeln fällt der Stress etwas ab und das Gespräch wird als angenehmer empfunden. Am besten ist es hierfür, wenn bereits vor dem Gespräch eine leicht freundliche Haltung eingenommen wird. Dies kann zum Beispiel durch eine positive Erinnerung erreicht werden. Der letzte Urlaub oder ein anderes schönes Erlebnis können hilfreich sein, um selber etwas freundlicher zu wirken. Wenn allerdings gerade eine Absage angekommen ist, ist es vielleicht auch besser das Telefongespräch auf den nächsten Tag zu verlegen. Andernfalls könnte sich die negative Geisteshaltung auch auf das Gespräch auswirken.

Dennoch ist es von Vorteil, schon vor dem Telefongespräch leicht zu lächeln. Indirekt wird dies vom Gesprächspartner über die angenehmere Stimme wahrgenommen.

Den Namen des Gesprächspartners erwähnen

Nachdem mit dem Lächeln eher das eigene Unterbewusstsein angesprochen wurde, geht es jetzt darum den Gesprächspartner in eine positive Stimmung zu versetzen. Hierbei können die Grundsätze allgemeiner Gesprächsführungen herangezogen werden. Denn auch wenn

Personalmitarbeiter manchmal etwas streng wirken, sind Sie auch nur Menschen, die Ihre Arbeit erledigen. Dies kann genutzt werden, um das Unterbewusstsein des Personalmitarbeiters anzusprechen.

Eine gute Möglichkeit hierfür bietet die persönliche Anrede. Im Bewerbungsschreiben ist es bereits weit verbreitet, dass eine unpersönliche Anrede nicht gerade den besten Eindruck hinterlässt. Wenn möglich sollten immer die Verantwortlichen, die für die Stellenvergabe zuständig sind, persönlich angesprochen werden.

Beim Telefongespräch verhält es sich genauso. Hier sollte ebenfalls eine persönliche Anrede erfolgen und der Name des Gesprächspartners erwähnt werden. Dafür sollte im Vorfeld bereits recherchiert werden, an welche Person das Bewerbungsschreiben gerichtet ist. Die Anrede sollte natürlich höflich und mit "Sie" erfolgen. Mit der Erwähnung des Familiennamens wird beim Gesprächspartner das Gefühl der Wertschätzung geweckt. Durch die passende Ansprache fühlt diese sich etwas bedeutender.

Allerdings sollte der Name jetzt nicht in jedem Satz beiläufig erwähnt werden. Es ist ausreichend, wenn bei der Vorstellung und der Verabschiedung der Name vorkommt. Ein weiterer Vorteil ist hierbei, dass die Anrede für das Bewerbungsschreiben verbessert werden kann. Nicht immer ist direkt ein Ansprechpartner in der Stellenausschreibung angegeben. Durch das Telefongespräch kann jedoch der Name in Erfahrung gebracht und im Anschreiben verwendet werden.

Solange der Name jetzt nicht in übertriebenem Ausmaß in das Gespräch eingeflochten wird, kann durch die Erwähnung eine positive Wertschätzung vermittelt werden.

Natürlich sein und sich nicht verstellen

Bisher wurden einige Tipps gegeben, die zu einer Verbesserung der Stimme und der Gesprächsführung führen. Diese Änderungen der eigenen Verhaltensweisen sollten aber nur in einem solchen Ausmaß angepasst werden, dass sie nicht unauthentisch oder künstlich wirken. Frauen müssen im Telefongespräch keine tiefe männliche Stimme imitieren, nur um damit selbstbewusster zu wirken. Dies ist eher ein Ausdruck der eigenen Unsicherheit und würde vom Gesprächspartner schnell durchschaut werden.

Hilfreicher ist es, wenn diese Änderungen von innen heraus geschehen. Dies bedeutet, dass an dem Selbstbewusstsein gearbeitet wird. Manchmal ist kein Mangel an Selbstbewusstsein der Grund dafür, dass die Stimme etwas schwach wirkt, sondern einfach die Nervosität aufgrund der geringen Erfahrung mit Bewerbungssituationen. In diesen Fällen hilft es, wenn diese Situationen im Vorfeld mehrmals durchgespielt und simuliert werden. Dadurch wird die Angst genommen, dass etwas Unvorhergesehenes geschieht und es liegt immer die passende Antwort bereit.

Es sollte auch davon abgesehen werden, bestimmte Standardphrasen im Vorhinein formuliert zu haben, die dann im Gespräch abgelesen werden. Sicherlich ist es legitim, wenn Notizen im Telefongespräch eine Hilfestellung bieten. Allerdings kann dies direkt im Vorfeld erwähnt werden und die Notizen sollten nur

Stichpunkte enthalten und keine ausformulierten Sätze.

Werden bereits ganze Sätze ausformuliert und einfach abgelesen, führt dies zu einer unnatürlichen Gesprächsführung. Dem Gegenüber kann der Eindruck entstehen, als ob dieser nun im Interview sitzen würde. Vorteilhafter ist es, wenn in der Vorbereitung einige Stichpunkte notiert werden, die als Leitfaden dienen können.

Den roten Faden beibehalten

Beim Bewerbungsschreiben ist eine klare Struktur vorgegeben. Diese beginnt mit dem Einleitungssatz beim Anschreiben und endet mit der Verabschiedung. Das Telefongespräch sollte ebenfalls mit einer gewissen Struktur geführt werden. Wer einfach nur von Punkt zu Punkt springt und dabei völlig unterschiedliche Themen versucht abzuarbeiten, verwirrt nicht nur den Personalmitarbeiter, sondern drückt damit auch eine unstrukturierte Arbeitsweise aus.

Ähnlich wie beim schriftlichen Teil der Bewerbung sollte auch beim persönlichen Gespräch eine gewisse Reihenfolge eingehalten werden. Diese besteht daraus, dass als erstes eine freundliche Begrüßung erfolgt. Die Begrüßung dient als Vorstellung der eigenen Person. Dazu gehören der Name, das Alter und eventuell die berufliche Vorbildung. Natürlich wird dem Gesprächspartner auch die Möglichkeit der Vorstellung eingeräumt. Hierbei kann es hilfreich sein, den Namen zu notieren. Dieser kann im Anschreiben verwendet werden und andeuten lassen, dass eine größere persönliche Bindung vorherrscht. Dies zeigt Einsatz und hinterlässt einen besseren Eindruck.

Nach der Vorstellung sollte der Grund für den Anruf erwähnt werden. Hier kann auf die Stellenanzeige verwiesen und etwas detaillierter eingegangen werden. Beim Gespräch sollte zudem darauf geachtet werden, dass dieses nicht zu ausschweifend ist. Schließlich handelt es sich um die wertvolle Arbeitszeit des Personalmitarbeiters und dieser wird mit Sicherheit auch andere dringende Aufgaben zu erledigen haben. Daher sollte die Einleitung nur kurz und knapp erfolgen. Danach können direkt die ersten Fragen zur Stellenbeschreibung gestellt werden. Nachdem die Fragen beantwortet wurden, erfolgt die Verabschiedung und bereits die Aussicht auf die folgende schriftliche Bewerbung. Vermieden werden sollten in dem Gespräch persönliche Themen. Hobbys oder andere Interessen haben in der ersten Kontaktaufnahme nichts verloren. Sollte der Personalmitarbeiter allerdings von sich aus auf dieses Thema lenken, können diese Bereiche natürlich nach eigenem Ermessen beantwortet werden. Hier gilt ebenfalls, dass die Antworten eher knapp und auf dem Punkt erfolgen sollten.

Diese Struktur hilft, einen positiven Eindruck zu hinterlassen und zeigt auf, dass eine geordnete Arbeitsweise vorhanden ist. Diese Vorgehensweise kann bei allen Telefongesprächen beibehalten werden und dient als genereller Leitfaden.

Detaillierte Fragen stellen

Der Zweck des Gespräches ist es, erste Unklarheiten aus der Stellenbeschreibung zu beseitigen und ein positives Interesse am Unternehmen zu vermitteln. In beiden Fällen ist es hilfreich, Fragen zu stellen. Doch wie genau sollten die Fragen aufgebaut sein?

Ein häufiger Fehler ist, dass praktisch eine Interviewsituation hergestellt wird. Anstatt ein freundliches Gespräch zu führen, wird der Personalmitarbeiter von einer Vielzahl von Fragen förmlich überrascht. Dies ist nicht gerade eine angenehme Situation und kann eher zu einem unsympathischen ersten Eindruck führen. Daher ist es wichtig, dass eine Balance aus Fragen und einem allgemeinen Gespräch eingehalten wird. Zu viele Fragen auf einmal, können eher als Ausdruck der Unsicherheit gewertet werden. Als Faustregel gilt, dass maximal vier Fragen im Gespräch gestellt werden sollten. Ergeben sich neue Fragen oder ist eine Antwort unklar, kann natürlich nachgehakt werden. Es sollte aber nicht der Eindruck entstehen, dass man nicht in der Lage sei, Fragen selbstständig zu beantworten.

Weiterhin ist eine große Stolperfalle, dass die Fragen zu allgemein gehalten werden. Fragen, die praktisch nicht im Zusammenhang mit der Stellenbeschreibung stehen oder auch auf andere Unternehmen zutreffen könnten, vermitteln eher einen unpersönlichen Eindruck. Es besteht hierbei die Gefahr, dass der Personalmitarbeiter davon ausgehen könnte, dass ein standardisierter Fragenkatalog abgearbeitet würde. Dies hinterlässt mit Sicherheit keinen positiven ersten Eindruck.

Vorteilhafter ist es, wenn zu jeder Bewerbung und jedem Telefongespräch neue Fragen notiert werden, die nur in direktem Zusammenhang mit der Stellenbeschreibung und dem Unternehmen stehen. Hierbei können Fragen zu den konkreten täglichen Aufgaben gestellt werden und wie der eigentliche Arbeitsalltag aussieht.

Ebenso könnte gefragt werden, wie die Einarbeitung ablaufen wird und ob es sinnvoll sei, sich in diesen

Bereichen bereits vor dem Arbeitsbeginn im Selbststudium fortzubilden. Dies zeigt, dass ein ernsthaftes Interesse an dieser Stelle besteht und eine Eigeninitiative vorhanden ist, sich selber zusätzliches Wissen anzueignen. Dadurch wird direkt ein gewisses Maß an Selbstständigkeit und Lernfähigkeit vermittelt.

Eine entspannte Körperhaltung einnehmen

Der Einfluss der Körperhaltung auf die Stimme und damit auch auf den Eindruck, der beim Gesprächspartner hinterlassen wird, wurde bereits angedeutet. Es ist nicht nur hilfreich, wenn das Telefongespräch im Stehen abgehalten wird. Eine weitere Hilfestellung sollte eine entspannte Körperhaltung sein. Im Zustand der Entspannung klingt die Stimme natürlich, tief und kraftvoll.

Die Situation, dass während einer wichtigen Präsentation die Luft wegbleibt und die Stimme versagt, ist wahrscheinlich den meisten Menschen bekannt. Es kommt nicht von ungefähr, dass bei Nervosität sprichwörtlich "die Luft wegbleibt". Die angespannte Haltung und die mögliche Angst im Gespräch drückt sich sehr deutlich in der Stimme aus. Diese wird höher und insgesamt als weniger kraftvoll wahrgenommen.

Eine entspannte Körperhaltung hilft dabei, ruhig und voll zu atmen. Die Luft wird im gesamten Bauchraum aufgenommen und das Zwerchfell kann sich komplett ausbreiten. Diese entspannte Haltung ist allerdings vor einem so wichtigen Telefongespräch nicht immer einfach einzunehmen. Um etwas den Stress und die Angst zu mindern, sollte sich darauf besonnen werden, dass der Personalmitarbeiter auch nur ein

Mensch ist, welcher seine Arbeit erledigt. Dieser kennt in den meisten Fällen die Sorgen und kann sich in die Situation der Bewerber hineinversetzen. Ebenfalls kann hilfreich sein, wenn auf der Unternehmensseite recherchiert wird, welche Person eigentlich für die Bewerbungen zuständig ist. Indem bereits ein genaues Bild im Kopf entstanden ist, wirkt das Gespräch viel weniger angsteinflößend und es wird aufgezeigt, dass es sich ebenfalls nur um eine ganz gewöhnliche Person handelt.

Ein wenig Nervosität ist auch nichts Schlimmes. Wichtig ist, dass man immer freundlich bleibt. Dazu gehört auch, dass der Gesprächspartner aussprechen darf. Auch wenn die eigene Nervosität dazu führen könnte, dass man lieber so schnell wie möglich das Gespräch beendet, um die stressvolle Situation zu verlassen, sollte dennoch die Zeit genommen werden, die andere Person ausreden zu lassen.

Sich vor dem Gespräch in eine eher entspannte Lage zu versetzen, zum Beispiel durch das Aufrufen von schönen Erinnerungen, hat nicht nur einen direkten Einfluss auf die Stimme, sondern sorgt insgesamt für eine angenehmere Atmosphäre. Das erste Telefonat wird sicherlich noch mit etwas Angespanntheit verbunden sein. Danach kommt aber langsam die Routine ins Spiel und das eigene Verhalten wirkt souveräner, sodass viel natürlicher eine entspannte Körperhaltung eingenommen wird. Sollte das erste Telefonat also nicht ganz den eigenen Vorstellungen entsprechen, ist dies kein Grund zur Sorge. Dies ist ein völlig normales Gefühl und mit einer zunehmenden Anzahl an Telefonaten kommt die Souveränität fast von alleine.

Der beispielhafte Verlauf des Gesprächs

Nachdem nun die allgemeinen Eckpunkte des Telefonats feststehen, besteht vielleicht immer noch eine gewisse Unsicherheit, wie das erste Gespräch eigentlich verlaufen sollte. Daher folgen nun Ausschnitte, die aufzeigen wie ein Gespräch ablaufen könnte.

In der Einleitung genügt ein Einfaches "Guten Tag Frau/Herr Schmidt, mein Name ist Max Mustermann, Ich melde mich bezüglich Ihrer interessanten Stellenanzeige als Bürofachmann. Die Stellenbeschreibung spricht mich sehr stark an und entspricht in vielerlei Hinsicht meinen Fähigkeiten und Vorstellungen. Daher habe Ich noch 1-2 Fragen, die ich Ihnen gerne stellen möchte. Haben Sie einen Moment Zeit für mich?"

Diese Einleitung genügt bereits und zeigt deutlich an, in welche Richtung sich das Gespräch entwickeln wird. Es wird klar auf den Punkt gebracht, welcher Grund für das Telefongespräch besteht.

Im besten Fall sagt der Personalmitarbeiter dem Gespräch zu und signalisiert, dass gerade genügend Zeit vorhanden ist. Dann können die einzelnen detaillierten Fragen gestellt werden. Ist dieser jedoch beschäftigt und gibt zu verstehen, dass gerade keine Möglichkeit zum Telefonat besteht, sollte ein neuer Termin vereinbart werden.

Nach den gestellten Fragen folgen eine freundliche Verabschiedung und die Anmerkung, dass die Bewerbung in Kürze versendet wird. Dadurch wird der persönliche Kontakt sichergestellt und das Telefonat hinterlässt einen ersten positiven Eindruck, mit dem die folgende schriftliche Bewerbung schon etwas besser aufgenommen wird.

4 Das Interesse mit dem Bewerbungsschreiben wecken

Das Telefongespräch dient bereits der ersten Kontaktaufnahme und um etwas Interesse beim Personalmitarbeiter zu wecken. Nicht jeder Bewerber wird um ein persönliches Gespräch bitten und daher ist dies nicht nur eine Möglichkeit, um etwas mehr über die offene Stelle zu erfahren, sondern sich auch von den anderen Bewerbern abzuheben.

Auf jede einzelne Stellenausschreibung können bis zu hundert oder mehr Bewerbungen eintreffen. Die Entscheidungsträger verfügen nicht über die Zeit, um sich jede einzelne Bewerbung genau anzuschauen. Oftmals werden diese nach einer ersten Sichtung bereits gefiltert und aussortiert. Nur so ist die Arbeit überhaupt möglich und der Bewerbungsprozess kann abgeschlossen werden.

Wer bereits im Anschreiben mit einem langweiligen Einleitungssatz beginnt, hebt sich von der Masse nicht gerade positiv ab. Der jeweilige Adressat erhält einen langweiligen Eindruck und damit steigt auch die Chance, dass die Bewerbung aussortiert wird. Denn immer öfter ist auch die eigene Persönlichkeit bei den Bewerbungen wichtig. Diese sollte möglichst selbstbewusst sein und sich, wenn möglich, positiv von den anderen Bewerbern abheben.

Die eigenen Fähigkeiten, Erfahrungen und vergangenen Arbeitszeugnisse haben sicherlich auch einen großen Einfluss auf die Entscheidung der Personalmitarbeiter. Sind die fachlichen Voraussetzungen nicht erfüllt worden, wird die Bewerbung ebenso aussortiert. Es gibt aber genügend Fälle, in denen die fachlichen Fähigkeiten einiger Bewerber in etwa gleichauf liegen. Mit einer interessanten Bewerbung kann ein positiver Eindruck geweckt werden, welcher höhere Erfolgschancen verspricht.

Mit den folgenden Tipps kann eine Bewerbung so gestaltet werden, dass diese sich von der Konkurrenz abhebt. In diesem Kontext sollte aber auch immer beachtet werden, an welche Branche die Bewerbung adressiert wird. In einem kreativen Umfeld werden sehr ausgefallene Anschreiben bevorzugt. Hingegen sollten Ärzte und Juristen etwas strenger und seriöser auftreten. Ein zu lockeres Schreiben kann hier eher als negativ bewertet werden. Dies sollte beachtet werden, wenn die eigene Bewerbung sich von der Konkurrenz unterscheiden soll.

Interessante Einleitungssätze

Der erste Eindruck gilt in vielen Fällen als der Entscheidende. Dies gilt beim Vorstellungsgespräch ebenso wie beim Telefonat. Auch bei der schriftlichen Bewerbung gibt es den ersten Eindruck. Dieser entsteht vor allem durch den Einleitungssatz. Dieser kann bereits die folgende Stimmung beeinflussen und als richtungsweisend dafür gelten, ob die Bewerbung erfolgreich sein oder direkt aussortiert wird. Der Einleitungssatz gilt hierfür natürlich nicht als alleiniger Grund, aber er kann die Sympathie des Adressaten so beeinflussen, dass selbst die folgenden Sätze als negativ empfunden werden.

Ein häufig verwendeter Einleitungssatz beginnt mit: "Hiermit bewerbe ich mich ...". Dies galt lange Jahre als Grundformel für den Einstieg in das Bewerbungsanschreiben. Allerdings wurde diese Floskel so häufig genutzt, dass diese mittlerweile einen sehr negativen Eindruck hinterlässt, wenn ein Bewerber sie nutzt. Denn durch diesen sehr gewöhnlichen und langweiligen Einleitungssatz wird ausgedrückt, dass sich kaum Zeit für die Bewerbung genommen wurde. Dadurch wird signalisiert, dass dem Bewerber in diesem Moment kein besserer Satz eingefallen sei und er deshalb auf diese Floskel zurückgreifen musste. Dies hinterlässt mit Sicherheit keinen guten ersten Eindruck und vermittelt eher, dass die Bewerbung lieblos gestaltet wurde und womöglich gar kein echtes Interesse an der Stellenausschreibung vorhanden ist.

Ein weiterer Einleitungssatz, der gerne genommen wird, beginnt wie folgt: "Mit großem Interesse habe ich Ihre Stellenanzeige vom ... gelesen." Dies ist ebenfalls einer dieser Einleitungssätze, der bereits so häufig verwendet wurde, dass er gar keinen Wert mehr besitzt. Zudem ist die inhaltliche Aussage etwas fragwürdig. Durch die Bewerbung sollte bereits zum Ausdruck kommen, dass die Stellenanzeige sehr interessant ist. Dies muss nicht nochmals im Einleitungssatz ausdrücklich erwähnt werden, sondern gilt bereits als Grundvoraussetzung. Dies ist in etwa vergleichbar mit der Beschreibung der Eigenschaft, dass man zuverlässig sei. Solche Dinge werden bei der Bewerbung bereits als Voraussetzung angesehen.

Als erster Grundsatz gilt daher, dass jene sehr häufig verwendeten Floskeln vermieden werden sollten. Leider sind diese heutzutage noch immer in einigen Bewerbungsvorlagen vertreten. Dadurch entsteht gerne der Eindruck, dass mit dieser gewöhnlichen Einleitung nichts falsch gemacht werden könne. Für die Bewerbung sollte allerdings etwas mehr Zeit und Kreativität investiert werden. Dies bedeutet auch, dass ein ansprechender Einleitungssatz formuliert wird. Schließlich gilt das Anschreiben als Visitenkarte der eigenen Person. Entsteht hier schon der Eindruck, dass der Charakter sehr langweilig sei, könnte sich dies negativ auf die Bewerbung auswirken.

Der Einleitungssatz erfüllt mehrere Funktionen. Er stellt vor allem einen Einstieg in das Anschreiben dar. Zum Einstieg sollte die eigene Person vorgestellt werden und es sollte klar die Motivation zum Ausdruck kommen, dass der Wunsch besteht, für das Unternehmen zu arbeiten. Dieser Einstieg sollte zudem so gestaltet sein, dass das Interesse des Personalmitarbeiters geweckt wird und dieser sich näher mit der Bewerbung beschäftigen möchte.

Damit dies gelingt, sollten Emotionen geweckt werden. Am besten gelingt dies, wenn der Einleitungssatz bereits eine gewisse Überraschung offenbart und die Neugierde sowie das Interesse weckt. Dies klingt natürlich nach einer großen Herausforderung. Schließlich fühlt sich nicht jeder zum Autor berufen und versteht es, innerhalb weniger Sätze den Leser in seinen Bann zu ziehen.

Die gute Nachricht ist, dass eine interessante Einleitung nicht nur talentierten Schreibern glücken muss. Wer sich noch etwas unsicher fühlt, kann kleine Tricks aus der Literatur oder dem Journalismus verwenden. Gerade der Journalismus möchte innerhalb der ersten Sätze ähnliche Emotionen wecken und den Leser vor allem dazu anregen, dass dieser nicht sofort das Interesse verliert und weiterliest.

Eine mögliche Stilvariante besteht in dem Verwenden von kurzen und auf den Punkt gebrachten Hauptsätzen. Lange ausschweifende Sätze sind zu Beginn fehl am Platz. Diese wirken eher langatmig und stellen nicht gerade den geeigneten Einstieg in die Bewerbung dar. Hilfreicher sind etwa drei bis vier kurz gestaltete Sätze. Dies erhöht das Tempo und weckt das Interesse des Lesers. Gleichzeitig werden alle notwendigen Informationen vermittelt.

Grundsätzlich gilt bei der Einleitung auch, dass ruhig etwas mehr Mut bewiesen werden darf. Wenn die üblichen Floskeln vermieden werden, sollten diese nicht durch andere, ähnlich langweilige Anreden ersetzt werden. Je nach Branche kann es durchaus nützlich sein, direkt im ersten Satz etwas zu "schocken". Dadurch ist die Aufmerksamkeit gewiss und die Bewerbung sticht im Vergleich zu den anderen Anschreiben mit Sicherheit hervor. Wichtig ist hierbei, dass dem Schockmoment ein fundiertes Anschreiben folgt.

Eigentlich sollten Muster und Floskeln der Vergangenheit angehören. Um dennoch einen kleinen Eindruck zu gewinnen, was in der Einleitung erlaubt sein kann, folgen hier kleine Kostproben.

Idealerweise wurde bereits ein erster Kontakt hergestellt. Entweder auf einer Messe im persönlichen Gespräch oder durch den Telefonkontakt. Dies kann im Einleitungssatz direkt als Einstieg dienen. Hierbei sollte auf die häufige Verwendung der Einleitung "Bezugnehmend auf das persönliche Gespräch am ... melde ich mich", verzichtet werden. Dies vermittelt keinen guten Eindruck und zeigt eher ein Desinteresse am Gespräch. Es ist hilfreich, deutlich mutiger aufzutreten. Beispielsweise kann folgende Einleitung verwendet werden: „Sehr geehrte Frau/Herr, es war mir ein Vergnügen, Sie persönlich auf der Messe letzte Woche kennenzulernen. Ihr Unternehmen und die Gespräche mit Ihren Mitarbeitern haben einen bleibenden Eindruck hinterlassen, welche den Wunsch verstärkten, ein Teil Ihres Teams zu werden." Dies mag im ersten Moment etwas überschwänglich klingen. Es signalisiert aber sehr deutlich das Interesse und hebt sich von anderen Einleitungssätzen ab.

Wurde noch kein direkter Kontakt hergestellt, fehlt natürlich dieser Bezugspunkt und kann nicht in der Einleitung verwendet werden. Hierfür gibt es Alternativen, die ebenso interessant klingen und die Neugier wecken. Die folgende Formulierung kann beispielhaft genutzt werden: "... schon seit einiger Zeit beschäftige ich mich mit dem Themengebiet. Als ich Ihre Stellenanzeige vom ... entdeckte, war mir sofort klar: Das passt!" Durch diese Anrede wird etwas Humor bewiesen. Gleichzeitig wird eine Fachkompetenz in dem Themengebiet suggeriert und das Selbstbewusstsein hervorgehoben.

Dies sind nur zwei Varianten einer Einleitung, die für die Bewerbung genutzt werden können. Wer direkt zu Beginn mit Originalität und Humor überzeugt, wird mit Sicherheit als interessanter wahrgenommen und erhält eher eine Chance zum Vorstellungsgespräch. Wird hingegen ein eher langweiliges und geradezu schüchternes Verhalten präsentiert, wirkt dies für den Personalmitarbeiter wenig ansprechend. Hier werden die Erfolgschancen zum Vorstellungsgespräch eingeladen zu werden, deutlich sinken.

Das Design der Bewerbung

Neben dem Text sticht auf den ersten Blick natürlich auch das Design der Bewerbung hervor. Je nachdem, wie diese gestaltet ist, wird ein positives Gefühl vermittelt, welches darauf hindeutet, dass der Bewerber sorgfältig arbeitet. Oder das Design kann eher chaotisch wirken und den Personalmitarbeiter unbeeindruckt lassen. Beim Design gibt es in der Regel klare Grenzen und Vorgaben, die eingehalten werden sollten. Hier ist die Freiheit nicht ganz so grenzenlos, wie dies beim Einleitungssatz der Fall ist. Bewerbungen, die eher auf ein klassisches Design Wert legen, sind erfolgreicher und werden positiver aufgenommen.

Mit dem Design und Layout der gesamten Bewerbung und dem Anschreiben, wird bereits vermittelt, wie professionell und strukturiert das eigene Vorgehen ist. Dies kann mitunter entscheidend für den späteren Beruf sein und sollte positiv vermittelt werden.

Als eine Grundregel gilt, dass das Design nicht zu auffällig sein sollte. Es dient nur dazu, den Inhalt zu unterstützen. Optisch herausstechende Merkmale werden eher ungern gesehen. Sie können beim Lesen ablenken und direkt einen negativen Eindruck vermitteln. Dies bedeutet auch, dass Stilmittel nur selten eingesetzt oder gewechselt werden sollten. Bei der Anfertigung des Anschreibens sollte auf fett hervorgehobene Wörter oder einer Kursivschrift verzichtet werden. Ebenso ist es angenehmer, wenn die gleiche Schriftart in der gesamten Bewerbung beibehalten wird. Die Schriftgrößen können wechseln. Sie sollten jedoch, je nach Typ, konstant bleiben. Überschriften und Absätze sollten dabei immer den gleichen Schriftgrößen- und Typen folgen.

Das Layout der Bewerbung spiegelt in etwa das eigene Corporate Design wider. Es ist das Aushängeschild des Bewerbers und sollte daher auch den gültigen Designregeln folgen. Dies bedeutet, dass ein einheitliches Konzept aufgestellt wird, welches in der Folge als Richtlinie dient. Insgesamt ist die Struktur der Bewerbung sehr simpel. Sie beginnt mit einem Deckblatt, dem Anschreiben und dem Lebenslauf. Mit diesen drei Seiten wird bereits die eigene Persönlichkeit vollumfänglich abgebildet.

Die Formalien sollten beim Design eingehalten werden. Dies bedeutet, dass das Format im DIN A4 erfolgt. Andere Formate werden meistens direkt aussortiert. Wer also glaubt, ein größeres Blattformat zu verwenden, um damit aus der Masse besser aufzufallen, verschafft sich eher Nachteile.

Die Länge des Anschreibens sollte eine Seite nicht überschreiten. Auch wenn es verlockend sein kann, so viel wie möglich über die eigene Motivation zu schreiben und das Unternehmen gelobt werden soll. Wer das Anschreiben nicht innerhalb einer Seite beendet, zeigt eher, dass er nicht in der Lage ist sich kurz auszudrücken und auf die wichtigsten Punkte zu konzentrieren. Zu lange Anschreiben werden also als negativ aufgefasst und erwecken beim Leser nicht unbedingt große Lust darauf, komplett gelesen zu werden. Auch hier gilt, dass es besser ist sich kurzzuhalten.

Als Schriftarten haben sich die Folgenden etabliert: Arial, Calibri, Helvetica und Times New Roman. Hier hängt es vor allem vom persönlichen Geschmack ab, welche Schriftart verwendet wird. Manche Schriftarten sind zudem kleiner als andere und können einen längeren Text etwas besser kaschieren. Wichtig ist, dass eine Schriftart im gesamten Anschreiben und der Bewerbung beibehalten wird. Ein Wechsel ist höchstens bei Überschriften zulässig, wenn es den eigenen Designansprüchen besser entspricht.

Die Schriftgröße der Absätze ist auf 11 bis 12 festgelegt. Diese Schriftgröße ist für die meisten Menschen noch gut und angenehm lesbar. Alles darunter könnte eher zu einer Unübersichtlichkeit führen und anstrengend wirken. Lange Texte zu kürzen, indem die Schriftgröße gemindert wird, ist nicht empfehlenswert. Die Überschriften sind dementsprechend größer zu gestalten.

Als Schriftfarbe hat sich schwarz oder ein dunkles anthrazit etabliert. Abzusehen ist von dunklen Blautönen. Diese mögen vielleicht modern wirken und mittlerweile gibt es bei Anzügen eine größere Auswahl an Farben, die durchaus akzeptabel für formale Anlässe sind. Bei der Bewerbung ist allerdings nur das Schwarz oder Anthrazit als Schriftfarbe gern gesehen.

Die Formatierung erfolgt im Blocksatz. Dadurch erscheinen alle Zeilen gleich lang und der optische Eindruck verbessert sich. Der Zeilenabstand wird auf 1,2 bis 1,5 festgelegt. Zum Rand beträgt der Abstand links und rechts etwa 2 cm. Werden diese Formatierungsregeln eingehalten, wird dem Personalmitarbeiter bereits vermittelt, dass ein Mindestmaß an Sorgfalt an den Tag gelegt wird. Fällt die Bewerbung aus diesem Muster heraus, kann dies als negativ aufgefasst werden. Anders als beim Anschreiben, gilt dies nicht als kreativ, sondern als unsorgfältig.

Aufgepasst werden muss zudem, wie die Bewerbung verschickt wird. Viele Unternehmen bestehen nicht mehr auf eine schriftliche Bewerbung, sondern bevorzugen den Versand und Empfang von E-Mails. Das Versenden von Word-Dateien ist hierbei mit großer Vorsicht zu verstehen. Die Formatierung kann sich ändern und beim Empfänger nicht mehr dem entsprechen, was auf dem eigenen Bildschirm zu sehen war. Unterschiedliche Versionen können zu diesen Problemen führen. Daher ist es unbedingt notwendig, dass jede Bewerbung, die per E-Mail versendet wird, nur im PDF angelegt ist. Dadurch wird sichergestellt, dass die Formatierung sich nicht ändert. Zudem kann die PDF-Datei nicht so einfach manipuliert werden, wie das Word-Dokument.

Das Deckblatt

Das Deckblatt ist für die Bewerbung kein Muss. Aktuell herrscht noch Uneinigkeit darüber, ob es wirklich einen Vorteil verschafft oder als unnötig erachtet wird. Wer etwas aus der Masse hervorstechen will, kann mit einem gut gestalteten Deckblatt aber sicherlich ein paar Pluspunkte sammeln.

Mit dem Deckblatt wird direkt ein erster Eindruck vermittelt. Der Personalmitarbeiter erkennt sofort, um welche Person es sich handelt und möglicherweise bleibt der Name eher im Gedächtnis hängen. Wenn es darangeht, die Bewerbungen auszusortieren, kann das Deckblatt als positives Merkmal dazu führen, dass die eigene Bewerbungsmappe für die nächste Runde beibehalten wird.

Wer bereits einen sehr vollen Lebenslauf hat, der kann sich mit dem Deckblatt etwas Platz verschaffen. Auf dem Deckblatt sind wichtige Informationen, wie das Bewerbungsfoto und der Name vorhanden. Durch das Einbringen des Fotos auf dem Deckblatt, muss dieses im Lebenslauf nicht mehr vorhanden sein. Dort ist dann mehr Platz übrig, um den eigenen Werdegang zu beschreiben.

Konkret besteht das Deckblatt aus den folgenden Elementen. Generell gilt hierbei, dass es sehr simpel und kurzgehalten werden sollte. Es stellt lediglich eine grobe Übersicht dar und darf noch nicht ins Detail gehen.

Als Überschrift kann ganz einfach in großer Schrift "Bewerbung" stehen. In kleinerer Schrift kann dann genauer folgen, um welche Position es sich handelt. Das Foto kann etwa auf der Mitte des Deckblatts platziert werden. Rechts können der Name, die Anschrift und die Kontaktdaten stehen. Im unteren Teil erfolgt der Verweis auf die weitere Struktur der Bewerbung. Also die Angabe des Lebenslaufes und der Anlagen.

Wird der Bewerbung ein Deckblatt beigefügt, ändert sich der gesamte Aufbau. Anders als angenommen, gehört das Deckblatt nicht an die erste Stelle. Das Anschreiben gilt als das wichtigste Schreiben. Daher wird dieses als erste Seite aufgenommen. Beim Anfertigen der Bewerbungsmappe wird das Anschreiben außen aufgelegt. Das Deckblatt, der Lebenslauf und die Zeugnisse werden in die Bewerbungsmappe eingeheftet.

Das Deckblatt kann also eine gute Möglichkeit darstellen, um etwas mehr Raum für die eigenen Informationen zu gewinnen. Sind das Anschreiben und der Lebenslauf bereits so voll, dass alles etwas zusammengestaucht wirkt, können die Kontaktdaten und das Foto auf das Deckblatt ausgelagert werden. Ist dieses ansprechend gestaltet und entspricht den Richtlinien, sorgt es für etwas mehr Struktur und sticht positiv aus der Masse an Bewerbern hervor. Dies ist insbesondere dann der Fall, wenn das Bewerbungsfoto professionell erstellt wurde. Da dieses etwas größer und prominenter auf dem Deckblatt zum Vorschein kommt, sollte ein großer Wert auf ein professionelles Bewerbungsfoto gelegt werden. Ein Bild, das eher einem Passbild gleicht, wird hier nicht sehr gut aufgenommen.

Wie kreativ darf eine Bewerbung sein

Bisher wurden vor allem Grenzen aufgezeigt, wenn es darum ging, eine kreative Bewerbung zu schreiben. Lediglich in der Einleitung ist ein größerer Spielraum vorhanden, der genutzt werden kann, um mit etwas Humor und Selbstbewusstsein einen positiven Eindruck zu erwecken. Nicht jede Bewerbung ist jedoch in einer sehr seriösen Branche angesiedelt. Es gibt durchaus Bereiche, in denen Kreativität gefordert wird. Dazu gehören vor allem das Marketing, die Mediengestaltung und PR-Abteilungen. Aber auch eher "ernste" Berufe, wie die Architektur oder das Produktmanagement, können von einer ausgefalleneren Bewerbung profitieren. In diesen Bereichen ist etwas mehr Kreativität gefordert, da diese später auch für den Berufsalltag als Grundvoraussetzung gilt.

Auch bei der eher kreativen Bewerbung gilt, dass das Design nicht den Inhalt überschatten sollte. Der Inhalt gilt weiterhin als Kernelement der Bewerbung und das Design ist lediglich dafür zuständig, diese Aussage zu unterstreichen. Weiterhin gefragt ist eine übersichtliche Gestaltung, bei der unverzüglich die Kernpunkte der Bewerbung wahrgenommen werden.

Zudem ist es weiterhin wichtig, dass die formalen Gestaltungsregeln eingehalten werden. Die Verwendung einer Vielzahl von Schriftarten- und Größen gilt nicht als kreativ, sondern selbst in diesen Fällen als hinderlich.

Damit die Bewerbung als professionell aufgefasst wird, sollten die Designelemente eher punktuell platziert werden. Hier gilt der Grundsatz, das weniger mehr ist. Mit gezielten Designaspekten können aber bereits die kreativen Fähigkeiten bewiesen werden.

Auf die Relevanz der Einleitung wurde bereits eingegangen. Ist das Design eher auffällig und die Bewerbung ist einer kreativen Branche angesiedelt, ist eine mutige und mitunter humorvolle Einleitung umso wichtiger. Wer hier mit einer alten und langweiligen Standardfloskel anfängt, wird wahrscheinlich direkt aussortiert.

Größere Freiheiten sind zudem bei der Gestaltung des Lebenslaufes gegeben. Normalerweise wird der Lebenslauf tabellarisch dargestellt. Diese Darstellungsform erlaubt einen schnellen Überblick, wirkt aber stellenweise zu langweilig. Wer etwas Abwechslung bevorzugt, kann den Lebenslauf als eine Art Zeitstrahl aufbauen. Dieser Zeitstrahl zeichnet den eigenen beruflichen Werdegang nach. Hier können Symbole und ein etwas auffälligeres Design eingesetzt werden.

Ein weiterer Tipp liegt in der Übernahme des Corporate Designs des Unternehmens. Hier kann ein umfassender Blick auf der Webseite helfen, um sich einen Eindruck über das Design zu verschaffen. Teilweise wird das Corporate Design auch gesondert beschrieben, zum Beispiel in Unternehmensbroschüren. In der Bewerbung können Details, wie zum Beispiel prägnante Farben und Schriftarten übernommen werden. Dadurch hebt sich die Bewerbung von anderen deutlich ab und wird als freundlicher aufgenommen.

Wer in einer kreativen Agentur anfangen möchte, kann sogar noch einen Schritt weiter gehen. Hier kann die komplette Bewerbung in einem Stil angefertigt werden, der eher als außergewöhnlich bezeichnet werden könnte. So ist es zum Beispiel möglich, die Bewerbung als eine Art Zeitung zu gestalten. Moderner wäre sogar die Gestaltung in Form einer Webseite. Hier gibt es kaum Einschränkungen und es sollte genau erörtert werden, welche Vorgehensweise sich mittlerweile in diesen Bereichen etabliert hat.

So sticht die Bewerbung aus der Masse hervor

Es gibt noch weitere Wege, damit die eigene Bewerbung sich von der üblichen Masse absetzt. Zugegeben, wer hier etwas mehr riskiert und sich von der Konkurrenz abhebt, benötigt im Vorstellungsgespräch etwas mehr Mut, damit die Vorgehensweise als authentisch angesehen wird. Es ermöglicht aber auch, dass die Bewerbung wohlwollender aufgenommen wird.

Bei der Bewerbung geht es darum, ein möglichst hohes Interesse zu wecken. Wie dies funktioniert, ist vor allem bei Serien zu erkennen. Damit Zuschauer auch bei der nächsten Folge einschalten, enden diese meist mit einem "Cliffhanger". Der Zuschauer fragt sich, wie die Folge wohl beim nächsten Mal gestaltet wird und ob der Seriendarsteller womöglich die Klippe hinunterfallen würde. Als Stilelement kann dies auch in der Bewerbung eingebaut werden. Hier bietet es sich an, im Anschreiben auf den Anhang zu verweisen. Wer etwas mutiger auftritt, könnte auch formulieren, dass der Sachverhalt im Vorstellungsgespräch näher erläutert werden könnte. Dies könnte das Interesse des Personalmitarbeiters wecken und die Chancen für eine Einladung erhöhen. Solche Stilelemente sollten aber sehr dezent platziert werden. Ein bis zwei sind im gesamten Anschreiben schon ausreichend, um das gewünschte Interesse zu wecken.

Das Deckblatt ist ein geeigneter Ort, um Informationen preiszugeben. Es kann aber auch in kreativer Weise genutzt werden. In der Werbebranche sind Slogans überall zu finden. In der Automobilbranche versuchen die Hersteller durch knackige, kurze Aussagen zu überzeugen und Kunden für sich zu gewinnen. Die Bewerbung ist im Grunde nichts anderes, als die Werbung für sich selber. Wo Automobilhersteller für sich mit knackigen Aussagen, wie "Freude am Fahren" oder "Vorsprung durch Technik" für sich werben, kann das Deckblatt ebenso genutzt werden, um einen Slogan einzuführen. Dieser sollte auf das Berufsbild zugeschnitten sein. Mit einer Werbeaussage wie zum Beispiel: "Macher, Leitwolf, Mensch" werden direkt einige positive Eigenschaften hervorgehoben. Wichtig ist, dass diese Aussagen tatsächlich auf den Charakter zutreffen und im Gespräch authentisch wirken. Wer von sich selber behauptet ein Leitwolf zu sein, dann aber eher schüchtern wirkt, wird eher als unehrlich empfunden.

Hat das Traumunternehmen gerade eine Stellenausschreibung veröffentlicht, soll die Bewerbung so umfangreich wie möglich gestaltet werden. Wer besonders viel Zeit in eine Bewerbung investieren möchte, um damit seine Erfolgschancen zu erhöhen, kann direkt ein kleines Projekt bearbeiten und in der Bewerbung versenden. Wer sich beispielsweise auf eine Stelle im Vertrieb bewirbt, kann ein Produkt des Unternehmens direkt als Beispielprodukt nehmen und versuchen im Projekt zu verkaufen. Hierzu kann eine kleine Werbetafel gestaltet werden, die durchaus als kreativ gilt und vom Unternehmen als positiv bewertet wird.

Noch einfacher ist es, wenn die Bewerbung in einer Werbeagentur oder im Designbereich erfolgt. Hier können komplette Arbeiten angefertigt werden, wie sie tatsächlich auch im Arbeitsalltag anstehen würden. Mit kleinen Projekten werden bereits die eigenen Fähigkeiten unterstrichen und es wird der Arbeitseifer vermittelt. Solche Projekte können auf verschiedene Weise verwirklicht werden. Ein Programmierer könnte ein kleines Programm schreiben, dass die Bewerbung mit dem Unternehmen verknüpft oder ein Produktmanager könnte ein neues Produkt entwerfen.

Standardisierte Bewerbungen sehen die Personalmitarbeiter jeden Tag. Wer tatsächlich seine Erfolgschancen erhöhen und seine Fähigkeiten beim Vorstellungsgespräch unter Beweis stellen möchte, sollte der Bewerbung etwas mehr Pep verleihen. Individuelle, humorvolle und selbstbewusste Anschreiben erhöhen die Chance, tatsächlich das Vorstellungsgespräch wahrzunehmen. Allerdings sollte das Schreiben dennoch zur eigenen Person und der Branche passen. Daher gilt der Grundsatz, dass weniger mehr ist und kreative Einflüsse nur gezielt eingesetzt werden sollten.

5 Gestaltung des Bewerbungsschreibens

Nachdem bereits in den vorherigen Kapiteln punktuell Tipps zur Gestaltung des Schreibens und einzelne Gestaltungshinweise gegeben wurden, wird in diesem Teil nun ausgeführt, wie das komplette Bewerbungsschreiben zu gestalten ist. Hierzu wird zunächst das Ziel des Schreibens verdeutlicht. Aus dieser Erkenntnis heraus, was der eigentliche Zweck ist, fällt das Schreiben viel leichter und der Erfolg der Bewerbung kann gesteigert werden. Um die Gestaltung zu verdeutlichen, werden zudem einzelne Beispiele angeführt, um den Aufbau und Inhalt ansprechender zu gestalten. Am Ende sollte die Anfertigung des Anschreibens kein Problem mehr darstellen und passend auf das jeweilige Unternehmen zugeschnitten sein.

Zudem werden die bisher angestrebten Charakteristika erfüllt, die vorher benannt wurden. Demnach soll das Bewerbungsschreiben interessant wirken und die Neugier wecken. Die Neugier kann ein Beweggrund sein, einen Bewerber zum Vorstellungsgespräch einzuladen. Manche Personalverantwortliche sind einfach nur daran interessiert, wer hinter der Bewerbung steckt, wenn diese außergewöhnlich und spannend gestaltet wurde.

Mit den folgenden Hinweisen und Gestaltungsbeispielen fällt das Anfertigen des Bewerbungsschreibens wesentlich einfacher.

Das Ziel des Bewerbungsschreibens

Zunächst einmal sollte ins Gedächtnis gerufen werden, weshalb das Bewerbungsschreiben angefertigt wird und welche Ziele damit verbunden sind. Das Anschreiben verfolgt die Ziele, das Unternehmen von den eigenen Fähigkeiten und der Person zu überzeugen. In der Arbeitswelt sind sowohl die menschlichen, als auch die fachlichen Kompetenzen wichtig, um im Job eine gute Leistung abrufen zu können. Sogenannte "Soft-Skills" werden von Unternehmen als immer wichtiger eingestuft. Teamarbeit und andere interdisziplinären

Arbeitsweisen werden in der modernen Joblandschaft immer bedeutsamer.

Im Bewerbungsschreiben sollte daher zum Ausdruck kommen, dass sowohl die fachlichen, als auch die sozialen Fähigkeiten für die offene Stelle ausreichend sind. Indem diese Kompetenzen vermittelt werden, wird die Bewerbung nicht aussortiert und das Vorstellungsgespräch rückt näher.

Fachliche Kenntnisse können durch Zeugnisse und andere Qualifikationen nachgewiesen werden. Eine Vielzahl der Bewerber wird aber wahrscheinlich über ähnliche Qualifikationen verfügen. Dadurch wird also kein Vorteil erarbeitet. Zudem werden die fachlichen Kompetenzen bereits durch die Zeugnisse und andere Abschlüsse nachgewiesen. Es ist im Anschreiben also nicht notwendig, diese Abschlüsse nochmals gesondert hervorzuheben. Passender ist es, wenn die fachliche Kompetenz auf andere Weise betont wird. Dies kann zum Beispiel die jahrelange Mitarbeit in einem Verein sein, wo die fachlichen Fähigkeiten benötigt wurden oder auch ein privates Hobby, insofern dieses für die Stelle relevant erscheint.

Soziale Kompetenzen sollten nicht nur beschrieben werden, sondern auch begründet. Es nützt dem potenziellen Arbeitgeber wenig, wenn im Anschreiben darauf hingewiesen wird, dass man teamfähig sei. Die Teamfähigkeit wird ebenfalls von vielen Mitbewerbern mitgebracht. Besser ist es, wenn auf konkrete Tätigkeiten verwiesen wird, in denen die Teamfähigkeit bereits von hoher Wichtigkeit war. Dies kann die Ausübung einer Teamsportart sein oder die Verwirklichung eines gemeinsamen Projektes. Das Projekt kann sowohl in der Universität, als auch im beruflichen Bereich durchgeführt worden sein.

Bei der Vorstellung der eigenen Fähigkeiten geht es nicht darum, den eigenen Charakter vollständig abzubilden. Es mag zwar verlockend klingen, wenn sämtliche Stärken und Erfolge erwähnt werden. Für die Stelle sind aber einige Fähigkeiten wahrscheinlich gar nicht relevant. Da diese in Bezug auf die Stelle nicht wichtig sind, müssen diese im Anschreiben nicht erwähnt werden.

Bevor mit dem Schreiben begonnen wird, sollte das Mindset so eingestellt sein, dass dieses sich voll auf das Bewerbungsschreiben konzentrieren kann. Ähnlich wie beim Telefonat ist auch das Schreiben Ausdruck der derzeitigen Stimmungslage. Selbst wenn dies vordergründig wahrgenommen wird, kann sich dies unbewusst in der Schriftform widerspiegeln. Daher sollte vor dem Schreiben eine selbstbewusste und positive Haltung eingenommen werden.

Mit dieser positiven Geisteshaltung fällt das Schreiben direkt viel einfacher und wird viel besser aufgenommen. Hilfreich kann dafür etwa Musik sein oder eine Vorstellung, die das Mindset positiv beeinflusst.

Anfängliche Formalitäten

Jetzt sollte klar sein, worauf es bei der Bewerbung ankommt und was das eigentliche Ziel ist. Die Personalmitarbeiter sollen von den eigenen Fähigkeiten überzeugt werden und es soll klar die Motivation zum Vorschein kommen, weshalb gerade dieser Bewerber für diese Stelle perfekt geeignet sei.

Nun geht es ans eigentliche Schreiben der Bewerbung. Wird kein Deckblatt angefertigt, werden wichtige Daten im oberen Teil des Anschreibens eingefügt. Damit der Adressat die Möglichkeit hat sich auch beim Bewerber zu melden, werden in der obersten Zeile die Kontaktdaten angegeben. Zu den Daten gehören der Vor- und Nachname, die Adresse und die Telefonnummer sowie die E-Mail-Adresse. Bei der E-Mail-Adresse sollte eine möglichst seriös klingende Adresse verwendet werden. Wer hier einen eher ungewöhnlichen Namen verwendet, sollte sich lieber eine neue Kontaktadresse zulegen. Dies geht bei diversen Anbietern kostenlos. Am einfachsten ist es natürlich, wenn der eigene Name als Adresse für das E-Mail-Postfach verwendet wird.

Nachdem die oberste Zeile angefertigt wurde, folgen die Daten des Empfängers. Hierzu zählt der vollständige Unternehmensname. Normalerweise würde unterhalb des Unternehmensnamens der persönliche Ansprechpartner stehen. Ist dieser nicht bekannt, wird als Adressat einfach nur "Personalabteilung" angegeben. Besser ist es aber natürlich, wenn im Telefongespräch oder aus der Stellenbeschreibung bereits ersichtlich ist, an welche Person die Bewerbung gerichtet ist. Dieser Name sollte dementsprechend erwähnt werden. Selbst wenn mehrere Mitarbeiter für die Sichtung der Bewerbungen zuständig sind, zeigt das Erwähnen des Namens bereits, dass ein höheres Interesse am Unternehmen erfolgt. Das gesamte Anschreiben wirkt viel persönlicher und wird vielversprechender aufgenommen.

Unterhalb des Empfängers wird der Grund des Schreibens angegeben. Dies wird mit der Zeile "Bewerbung als ..." ausgedrückt. Hierbei sollten kreative Eigenkreationen vermieden und dem Standard entsprochen werden. Wird in der Stellenbeschreibung ein Referenzcode angegeben, muss dieser in dieser ersten Zeile erwähnt werden. Die Zeile könnte dann wie folgt aussehen: "Bewerbung als Bürokaufmann (Referenzcode: 32858)".

Wie bei einem Brief üblich, wird noch das Datum und der Ort im oberen Teil erwähnt. Damit sind die ersten Formalitäten abgeschlossen und das eigentliche Anschreiben kann beginnen. Um sich die Arbeit zu erleichtern, kann ein Muster angelegt werden, welches bereits die eigene Adresse, sowie die Beispieladressen enthält. Die Musterbeispiele werden dann durch die echten Adressen ersetzt.

Anrede

Einige Tipps zur Anrede und wie der Anfang der Bewerbung gestaltet werden sollte, sind bereits erfolgt. Im ersten Satz wird üblicherweise mit der Anrede "Sehr geehrte Frau Mustermann" begonnen. Hier sollte wiederum darauf eingegangen werden, dass es wesentlich hilfreicher ist, wenn der Name des Empfängers bekannt ist. Danach folgen Einleitungssätze, die möglichst selbstbewusst klingen und beschreiben sollten, weshalb und für welche Stelle die Bewerbung erfolgt.

Die Anrede sollte möglichst kurz gehalten werden. Mit wenigen kurzen Sätzen kann die Aufmerksamkeit des Lesers geweckt werden und es besteht nicht die Gefahr, dass dieser sich in den Nebensätzen verliert. In Deutschland ist es üblich, die Ansprechpartner zu siezen. Dies stellt eine sehr formelle und höfliche Anrede dar. In Start-ups hingegen kann es auch etwas direkter zugehen. Daher ist es dort in manchen Fällen auch üblich, die Du-Form zu verwenden. Wird in der Stellenanzeige bereits die Du-Form verwendet, kann dies auch in der

Bewerbung übernommen werden. Handelt es sich zwar um ein Start-up, aber die Anzeige ist in Siez-Form gestaltet, sollte vom Duzen abgesehen werden. Wird das Schreiben in der Du-Form verfasst, kann dies auch etwas umgangssprachlicher gestaltet sein. Hier könnte als Anrede zum Beispiel "Liebes Unternehmens Team" stehen.

Wichtig bei der Anrede sind also das Einbeziehen des Namens und welche Umgangsform genutzt wird.

Einleitung

Nachdem die Anrede nur aus dem ersten Satz besteht, folgt nun die komplette Einleitung. Hilfreich für die Einleitung ist es, wenn bereits ein Telefonat geführt wurde. Dieses kann in den ersten Sätzen erwähnt werden. Unabhängig davon, ob bereits ein Telefongespräch erfolgte, sollte die Einleitung Aufmerksamkeit erzeugen. Dies gelingt am besten, indem auf Standardfloskeln verzichtet wird. Diese werden als langweilig wahrgenommen.

Ebenfalls soll verdeutlicht werden, dass die Einleitung nicht etwa aus einer Bewerbungsvorlage abgeschrieben, sondern individuell für das Unternehmen angefertigt wurde. Entscheidend ist vor allem der erste Satz, welcher schon Lust auf mehr machen soll. Der weitere Text wird in Großteilen nur noch überflogen und nach Keywords abgesucht. Personalverantwortliche haben meist gar nicht die Zeit, sich jede Bewerbung im Detail anzuschauen und scannen daher die Texte förmlich nur nach bestimmten Worten. Die ersten Sätze allerdings werden größtenteils sehr genau betrachtet und daher sind diese für den Ersteindruck besonders wichtig.

Ein selbstbewusstes Auftreten ist in der Einleitung vorteilhaft. Das Selbstbewusstsein sollte allerdings nicht in eine Überheblichkeit oder Arroganz enden. Wer direkt am Anfang erwähnt, dass die Bewerbung stattfindet, um das Unternehmen zu verbessern, wird eher als unsympathisch empfunden. Denn indirekt deutet das Streben nach Verbesserung eine Kritik an das Unternehmen an. Dieser Umstand sollte natürlich vermieden werden.

Die Einleitung gilt als einer der wichtigsten Bausteine der gesamten Bewerbung. Daher sollte hierauf besonders viel Wert gelegt werden, einen individuellen Einstieg in das Anschreiben zu ermöglichen.

Neben den Beispielen, die bereits im vorherigen Kapitel vorgestellt wurden, kann auch der folgende Satz die Neugier wecken und als Inspiration für die eigenen Einleitungen dienen.

"Sie sind auf der Suche nach einem entscheidungsfreudigen und kompetenten Qualitätsingenieur, für den soziale Kompetenz, Durchsetzungskraft und Organisationstalent nicht bloß Worthülsen sind? Dann bin Ich der geeignete Kandidat für Sie!

Wem dies allerdings zu selbstbewusst klingt, kann diese Einleitung natürlich dem eigenen Charakter anpassen. Es schadet aber sicherlich nicht, solche außergewöhnlichen Einleitungen mal zu verwenden und zu schauen, ob diese nicht als positiv wahrgenommen werden.

Hauptteil

Die Einleitung dient vor allem dazu, dass Interesse für die eigene Person zu wecken und schon mal einen groben Einblick zu geben, welche Fähigkeiten vorhanden sind. Im Hauptteil der Bewerbung werden diese Punkte nun weiter ausgeführt. Hierbei gilt es nun Fragen zu beantworten, die die Personalverantwortlichen aufwerfen. Bestimmte Punkte müssen daher in jeder Bewerbung vorkommen, die gleichzeitig auch die grobe Struktur darstellen.

Zu Beginn des Hauptteils sollte die Frage beantwortet werden, wie die gegenwärtige berufliche Situation aussieht. Dies kann zum Beispiel der Abschluss des Studiums sein oder es kann eine Anstellung bestehen. Des Weiteren sollte auch erläutert werden, weshalb die Bewerbung vorgenommen wird.

Im zweiten Punkt sollte erwähnt werden, weshalb das Unternehmen und die Position interessant wirken. Hierbei ist die Antwort genauestens auf das Unternehmen und der Position abzustimmen. Wer hier eher allgemeine Floskeln verwendet, wie zum Beispiel die "Möglichkeit der persönlichen Entfaltung", der wird nicht gerade als Spitzenkandidat für die Position angesehen. Dies vermittelt eher den Eindruck, als wurde gar keine Recherche betrieben, um sich über das Unternehmen im Vorfeld zu informieren.

Nachdem die Motivation und das Interesse begründet wurden, erfolgt das Vermitteln der eigenen Kompetenzen und Fähigkeiten. Diese wurden bisher zwar beiläufig erwähnt, jetzt geht es allerdings darum, diese fundiert zu untermauern und zu begründen. Hier kommen jetzt die schon erwähnten Keywords ins Spiel. Personalentscheider steht selten die Zeit zur Verfügung, auf jedes Bewerbungsschreiben detailliert einzugehen und sich den Text komplett durchzulesen. Um die Arbeit zu erleichtern wird das Anschreiben daher nur auf bestimmte Wörter hin überflogen.

Ein Hinweis darauf, welche Wörter und Fähigkeiten für das Unternehmen besonders wichtig sind, ist bereits in der Stellenanzeige zu finden. Dort werden in den meisten Fällen schon die Voraussetzungen genannt, die ein Bewerber mitbringen muss. Im Hauptteil wird nun dargelegt, inwiefern diese Kompetenzen erfüllt werden. Da die Anschreiben meist nur überflogen werden, ist es hilfreich, die gleiche Wortwahl zu nutzen, wie in der Stellenbeschreibung. Wer eine Kompetenz eher umschreibt, als direkt darauf einzugehen, läuft Gefahr, dass dies beim Überfliegen gar nicht registriert wird.

Die eigenen Kompetenzen werden zum Großteil über die angehängten Zeugnisse und Dokumente nachgewiesen. Dies muss im Hauptteil nicht noch zusätzlich erwähnt werden. Anschaulicher und interessanter für den Leser ist es, anhand praktischer Aufgaben zu erkennen, inwiefern die Fähigkeiten und Kompetenzen erworben und angewandt wurden. Hierfür können einfache Projekte in der Universität oder Aufgaben im Beruf genutzt werden. Beim Themenfeld der Kompetenzen können diese zwar so positiv wie möglich hervorgehoben werden, es sollte aber immer bei der Wahrheit bleiben. Wer hier eine jahrelange Erfahrung vortäuschen will, die gar nicht vorliegt, kann in große Probleme geraten. Wird dieser Umstand aufgedeckt, kann dies zu einer Kündigung führen und wird sich negativ auf die gesamte Karriere auswirken.

Um die Bedeutung der Fähigkeiten zu verdeutlichen, sollten diese nicht nur einen Bezug zu der Stellenanzeige, sondern auch zum Unternehmen besitzen. Schließlich soll das Unternehmen von den eigenen Kompetenzen profitieren und die Arbeitsstelle dient hierbei nur als Position, um diese

Fähigkeiten umzusetzen. So könnte zum Beispiel die Innovationsfähigkeit des Unternehmens gelobt und darauf eingegangen werden, dass selber ebenfalls der Status-Quo häufig hinterfragt wird. Solch ein Bezug verdeutlicht den Vorteil, den das Unternehmen durch die Anstellung erhält.

Der Ablauf für einen erfolgreichen Hauptteil kann ganz genau strukturiert werden. Dies erleichtert das weitere Schreiben.

Zunächst sollte die Stellenanzeige sehr genau gelesen werden. Besonderer Fokus ist hierbei auf die Kompetenzen zu legen, die dort bereits als Voraussetzung erwähnt werden. Die Kompetenzen können stichpunktartig aufgeschrieben werden.

Danach erfolgt die Beschreibung, weshalb gerade diese Position so gut passt. Welche Eigenschaften des Unternehmens und der Stellenbeschreibung wecken das eigene Interesse und inwiefern stimmen diese mit den eigenen Vorstellungen und Wünschen überein?

Der gesamte Stil des Hauptteils sollte selbstbewusst und nicht zurückhaltend klingen. Bescheidenheit mag zwar eine Tugend sein, bei einer Bewerbung kann dies allerdings eher als negativ ausgelegt werden. In der Arbeitswelt werden immer mehr durchsetzungsfähige Personen gebraucht und Schüchternheit gilt hierbei als Makel.

Damit die Arbeit interessant zu lesen ist, sollten abwechslungsreiche Sätze geschrieben werden. Es muss nicht direkt ein Anschreiben sein, dass auch von einem professionellen Autor stammen könnte. Das Befolgen einfacher Regeln kann das Gesamtergebnis erheblich aufwerten. Dazu gehört zum Beispiel, dass Satzanfänge unterschiedlich aufgebaut sein sollten. Mehrmals hintereinander mit den gleichen Satzanfängen zu beginnen, fühlt sich nicht gerade angenehm zum Lesen an. Ebenso sollte eine Wiederholung von Formulierungen vermieden werden. Zwischen dem Schreiben der Bewerbung und dem Korrekturlesen ist es vorteilhaft, wenn dies nicht am selben Tag geschieht. Durch den größeren Zeitabstand werden Flüchtigkeitsfehler eher wahrgenommen und beseitigt.

Das Schreiben abschließen

Wurden die eigenen Kompetenzen und Fähigkeiten im Hauptteil dargestellt, geht es nun darum das Anschreiben zum Abschluss zu bringen. Ähnlich wie die Einleitung ist auch der letzte Eindruck entscheidend, wenn es darum geht, die Erfolgschancen für das Vorstellungsgespräch zu steigern.

Im Schlussteil der Bewerbung kann ein kurzes Fazit gezogen werden, weshalb die eigenen Fähigkeiten für das Unternehmen von solch großem Nutzen sein können. Schließlich soll für die Anstellung der Mehrwert im Vordergrund stehen, der durch die Arbeit generiert wird. Ist dem Unternehmen kaum bewusst, in welcher Weise es von der Arbeit profitiert und ob sich die Anstellung überhaupt lohnen würde, sieht es wahrscheinlich von der Einstellung ab.

Neben dem kleinen Fazit, welches die Kompetenzen zusammenfasst, gibt es aber noch einige wichtige Punkte, die nicht vergessen werden dürfen. Heikel ist in vielen Stellenbeschreibungen die Frage nach der Gehaltsvorstellung. Oftmals wird das mögliche Gehalt nicht mehr von den Unternehmen in der Anzeige erwähnt, sondern es wird nach einer eigenen Einschätzung gefragt. Damit wird die Verantwortung des Gehaltes auf den Bewerber verlagert und dieser muss den Spagat schaffen, einen optimalen Betrag zu nennen und sich nicht unter seinem eigentlichen Wert zu verkaufen.

Die Gehaltsvorstellung erwähnen

Mit der Frage nach der Gehaltsvorstellung verfolgt das Unternehmen zwei Ziele. Es versucht den Marktwert des Bewerbers festzustellen und herauszufinden, wie die Kosten in Relationen zu den Mitbewerbern sind. Liegt der eigene Gehaltswunsch außerhalb der Vorstellungen, die von der Konkurrenz eingebracht werden, kann dies schnell zu einem Ausschluss im Bewerbungsverfahren führen.

Auch beim Gehaltswunsch gilt, dass eher ein selbstbewusstes Auftreten von Vorteil ist. Das heißt, es sollte ruhig etwas höher eingeschätzt werden, als der tatsächliche Marktwert ist. Dadurch besteht ein Verhandlungsspielraum für den Arbeitgeber und dieser ist eher bereit, dieser Vorstellung zu entsprechen. Wer hier zu verhalten an den Wunschbetrag herangeht, gibt negative Signale an den Personalverantwortlichen ab. Dieser wird sich möglicherweise Fragen, weshalb der Bewerber sich so schlecht einschätzt und ob die Fähigkeiten nicht dem entsprechen, was im Anschreiben eigentlich dargestellt wird.

Wenn in der Stellenanzeige bereits explizit eine Gehaltsangabe eingefordert wird, dann sollte im Schlussteil der Bewerbung dies auch umgesetzt werden. Selbst wenn dies als unangenehm empfunden wird und der eigene Marktwert nicht bekannt ist, sollte dieser Punkt nicht übergangen werden. Wird der Aufforderung nach der Gehaltsangabe nicht entsprochen, gilt dies als eine unvollständige Bewerbung. Dies kann bereits ein

Grund sein, dass es nicht zum Vorstellungsgespräch gereicht hat.

Wer sich gerade im Studium befindet und erst auf den Arbeitsmarkt einsteigt, wird kaum eine Vorstellung über seinen Marktwert und das mögliche Gehalt besitzen. Ist das Gehalt doch von einigen Faktoren abhängig und nur sehr schwer einzuschätzen, wenn keine eigenen Erfahrungswerte bestehen.

In diesen Fällen können Vergleichsportale genutzt werden. Diese stellen Tabellen zur Verfügung, die in etwa das Durchschnittsgehalt oder das Einstiegsgehalt aufzeigen. Beim Einstiegsgehalt muss allerdings erwähnt werden, dass dieses, je nach Erhebung der Daten, das Gehalt während der ersten beiden Jahre darstellt. Es sollte also nicht verwundern, wenn das tatsächliche Anfangsgehalt unter den Angaben des Einstiegsgehaltes liegen. Neben Vergleichsportalen bieten auch Online-Jobbörsen einen Gehaltsvergleich an. Diese können ebenfalls als Anhaltspunkte dienen.

Entscheidend für die Schätzung des Gehaltes sind, neben der eigenen Qualifikation, auch die Branche, die Region und die Unternehmensgröße. So gibt es Berufsbilder, die in unterschiedlichen Branchen ausgeübt werden, aber nicht einheitlich vergütet werden. Regional bestehen weiterhin große Unterschiede zwischen dem Osten und Westen, bzw. Süden Deutschlands. Gerade in den wirtschaftsstarken Ballungsräumen im Süden sind wesentlich höhere Gehälter zu erwarten.

Grob kann gesagt werden, dass das Durchschnittsgehalt für Hochschulabsolventen bei etwa 3.400 Euro brutto im Monat liegt. Promovierte Berufsanfänger erhalten im Durchschnitt ein Monats brutto von 4.220 Euro. Diese Richtwerte geben aber nur einen sehr groben Einblick. Einfacher wird die Einschätzung, wenn bereits eine Festanstellung besteht. Wird die Bewerbung für eine sehr nahestehende Stellung erstellt, kann der Gehaltswunsch etwas über dem aktuellen Gehalt liegen. Ein Aufschlag von bis zu 20 Prozent ist hierbei üblich.

Als Formulierung für die Gehaltsvorstellungen kann die allgemeine Aussage "Meine Gehaltsvorstellung liegt bei 42.500 Euro brutto im Jahr" genommen werden. Ist die Vorstellung weniger gefestigt, kann auch der Zusatz "im Bereich von 42.500 Euro" genutzt werden. Dadurch wird dem Arbeitgeber etwas mehr Verhandlungsbereitschaft signalisiert.

Verzichtet werden sollte bei der Nennung des Gehaltes auf eine runde Zahl. Wer also 50.000 Euro als Gehaltswunsch fordert, erweckt den Eindruck, dass sich kaum Gedanken über das Gehalt gemacht wurde. Wurde in der Stellenausschreibung nicht explizit darauf verwiesen, dass ein Gehaltswunsch gefordert wird, sollte darauf verzichtet werden, ein Wunschgehalt im Anschreiben zu nennen. Das Gehalt sollte in diesem Fall nicht Bestandteil der Bewerbung sein, sondern erst im späteren Verlauf in Erscheinung treten.

Abschließende Sätze und Informationen

Für das Unternehmen ist von Bedeutung, wann der frühestmögliche Eintrittstermin ist. Findet die Bewerbung aus einer Anstellung heraus statt, sollten die Kündigungsfristen berücksichtigt werden. Im Studium besteht zwar das Ziel, so früh wie möglich mit der Arbeit anzufangen, aber es kann auch passieren, dass die endgültigen Bewerbungen etwas auf sich warten lassen. Wer dringen auf die finale Note angewiesen ist, sollte hier lieber mit etwas Sicherheit arbeiten und den Eintrittstermin etwas in die Zukunft verlegen. Andernfalls würde noch gar kein endgültiges Zeugnis ausgestellt werden können.

Manchmal ist auch der Bewerbungsprozess sehr langläufig. Gerade bei größeren Unternehmen, die mit einer Vielzahl von Bewerbern rechnen, kann es mehrere Monate dauern, bis eine Rückmeldung auf die Bewerbung erfolgt. Befindet man sich in einer Festanstellung, kann dies mitunter zu Problemen führen, wenn ein Eintrittstermin genannt wird. Aufgrund der Kündigungsfristen kann der Termin nicht mehr gehalten werden. Dies ist sicherlich ein unglücklicher Zustand und eher dem Unternehmen anzulasten, dennoch sollte hier auf Schuldzuweisungen verzichtet werden, wer denn jetzt für die Verzögerungen verantwortlich sei.

Daher ist es bei der Bewerbung aus der Anstellung heraus vorteilhafter, wenn die Kündigungszeit angegeben wird. Daraus kann der zukünftige Arbeitgeber selber den frühestmöglichen Eintrittstermin ableiten und Verzögerungen hätten keine negativen Auswirkungen. Falls derzeit keine Anstellung besteht, kann mit einer Formulierung wie "Ich stehe Ihnen kurzfristig zur Verfügung" zum Ausdruck gebracht werden, dass keinerlei Hürden bei der Anstellung vorhanden sind. Dies sollte erwähnt werden, denn für manche Unternehmen kann dies einen Vorteil darstellen, wenn kurzfristig eine Stelle besetzt werden muss. Dies kann zum Beispiel als Vertretung für die Elternzeit vorkommen und durch eine sehr schnelle Anstellung kann eine bessere Einarbeitung gewährleistet werden.

Nachdem all die Fähigkeiten und Informationen transportiert werden, besteht natürlich die Hoffnung, zu dem Vorstellungsgespräch eingeladen zu werden. In der Schlussformulierung kann diese Hoffnung zum Ausdruck gebracht werden. Dies wird als selbstbewusst aufgenommen und verdeutlicht das Interesse, welches an dieser Stellenausschreibung besteht. Als Verabschiedung kann zum Beispiel folgende Formulierung genutzt werden: "Einem persönlichen Kennenlernen sehe ich mit großer Freude entgegen." Diese Formulierung wirkt freundlich, verdeutlicht aber auch direkt den großen Wunsch, zum Vorstellungsgespräch eingeladen zu werden.

Bei der Verabschiedung ist es, anders als bei der Einleitung, nicht notwendig besonders kreativ zu sein oder sich von der Masse abheben zu wollen. Der Personalmitarbeiter wird seine Entscheidung nicht von der Verabschiedung abhängig machen, sondern vor allem von den Kompetenzen, die im Hauptteil beschrieben und mit Zeugnissen belegt wurden. Passen diese formalen Voraussetzungen, genügt eine relativ durchschnittliche Formulierung.

Die Formulierung sollte so gewählt werden, dass diese zum allgemeinen Ton der Bewerbung und der Stellenausschreibung passt. So können auch etwas informellere Verabschiedungen genutzt werden, insofern dies aus der Gestaltung der Stellenausschreibung abzuleiten ist.

Als Letztes folgt eine klassische Grußformel. Hier hat sich "Mit freundlichen Grüßen" etabliert. Davon sollte nur abgewichen werden, wenn es gute Gründe gibt und die Stellenausschreibung sehr speziell gestaltet wurde. Nach der Grußformel folgen der Name und die Unterschrift.

Damit wurde das Bewerbungsschreiben komplett von der Einleitung bis zum Schluss geschrieben. Zusammenfassend sollten folgende Hinweise beachtet werden.

Tipps für das Anschreiben

Während der Bewerbungsphase ist der Anspruch hoch. Es soll natürlich so schnell wie möglich ein neuer Job gefunden werden. Die Versuchung ist daher groß, dass möglichst viele Bewerbungen verschickt werden, mit der Hoffnung, dass schon irgendwer eine positive Rückmeldung geben wird. Mit Standardformulierungen kann die Arbeit dann deutlich schneller gestaltet werden. Die Realität ist allerdings, dass jede Bewerbung individuell gestaltet werden sollte. Dies braucht natürlich seine Zeit und sollte beim Schreiben der Bewerbung eingeplant werden. Zeugnisse und andere Dokumente verändern sich nicht und sollten schon vorher griffbereit sein und müssen nur noch in die Bewerbung eingefügt werden. Das Anschreiben allerdings, sollte in jedem Fall neu aufgesetzt werden. Wer hier glaubt, mit vorgefertigten Formularen einen Treffer zu landen, wird wahrscheinlich enttäuscht sein. Denn selbst bei einer Vielzahl von Bewerbungen führt dies nur selten zu dem gewünschten Erfolg. Daher gilt der Grundsatz, dass jede Bewerbung mit Sorgfalt und viel Zeitaufwand geschrieben werden sollte.

Wenn gerade das Studium beendet wurde, könnte die Versuchung groß sein, die Zeit etwas zu genießen und die Bewerbungen eher halbherzig anzugehen. Natürlich kann der Abschluss des Studiums positiv aufgenommen werden und eine kleine Auszeit ist sicherlich nicht verkehrt, um etwas Energie für die bevorstehenden Aufgaben zu tanken.

Wer allerdings zu lange wartet und die Bewerbungen nur nebenbei in der Freizeit schreibt, wird den gesamten Prozess wahrscheinlich deutlich verzögern und ziemlich lange warten müssen, bis eine Anstellung in Aussicht ist.

Wichtig während der Phase der Arbeitslosigkeit ist es, einen disziplinierten Tagesablauf zu bewahren. Anstatt sich gehenzulassen und förmlich darauf zu warten, dass der nächste Job oder Karriereschritt auf einen zukommt, sollte die Bewerbungsphase als Vollzeit-Aktivität betrachtet werden. Dies erhöht die Chancen auf eine erfolgreiche Bewerbung und es besteht viel schneller die Aussicht, wieder einen festen Job zu haben. Nicht nur das Schreiben von Bewerbungen sollte in dieser Zeit ausgeübt werden. Es kann auch reflektiert werden, weshalb die bisherigen Bewerbungen noch nicht zum Erfolg geführt haben. Wer allerdings nur ein oder zwei Stunden am Tag mit der Jobsuche verbringt, sollte sich nicht wundern, wenn der Bewerbungsprozess doch länger dauert, als erhofft.

Sich lange Zeit mit der Bewerbung zu beschäftigen ist noch keine Garantie dafür, dass diese tatsächlich fehlerfrei ist. Selbst in Zeiten der Rechtschreibkorrekturen kann es immer mal wieder vorkommen, dass sich kleine Flüchtigkeitsfehler einschleichen. Diese zu entdecken ist gar nicht so einfach. Das eine gewisse "Blindheit" beim Finden der eigenen Fehler besteht, ist sogar nachgewiesen worden. Wurde der Text selber geschrieben, ist dieser bereits so im Bewusstsein verankert, dass Fehler einfach überflogen werden.

Daher ist es hilfreich, die Bewerbung von einer anderen Person überprüfen zu lassen. Das Prinzip, dass vier Augen mehr sehen als nur zwei, sollte für einen größeren Bewerbungserfolg genutzt werden.

Die Korrektur muss nicht direkt von einem professionellen Lektor erfolgen. Es reicht schon aus, wenn eine halbwegs versierte Person über die Bewerbung schaut und noch den ein oder anderen Fehler entdeckt. Als weiterer Tipp kann auch die Schriftart geändert werden. Dadurch erscheint der Text für einen selber wieder wie neu und Fehler werden eher registriert.

Fehler machen keinen guten Eindruck und können für Personalmitarbeiter Ausdruck einer unsauberen Arbeitsweise sein. Es herrscht die Befürchtung, wenn schon Fehler in der Bewerbung bestehen, dass diese sich auch im Job fortsetzen könnten. Daher ist die Fehlerkorrektur ein wichtiger Bereich, um die Bewerbung zu optimieren.

Auch das Versenden der Bewerbung will gelernt sein. Heutzutage werden die meisten Bewerbungen nicht mehr in einer physikalischen Mappe versendet, sondern digital per E-Mail. Dies erleichtert den gesamten Bewerbungsprozess sowohl für die Unternehmen, als auch den Bewerber. Dennoch gibt es auch hier Stolperfallen, auf die geachtet werden sollte. Das Versenden eines Word-Dokuments gilt als grober Fehler. Wie bereits vorher schon erwähnt, kann dies zu einer fehlerhaften Formatierung führen. Daher ist es gängige Praxis, dass nur PDF-Dateien versendet werden.

Neben dem Anschreiben gibt es noch eine Vielzahl von anderen Dokumenten und Nachweisen. Hochschulzeugnisse, Arbeitszeugnisse oder andere Belege von Qualifikationen werden der Bewerbung ebenfalls beigefügt. Teilweise liegen diese nur als Bild-Datei vor. Diese sollten ebenfalls zu einer PDF-Datei verarbeitet werden. Hierfür gibt es einige Online-Tools, die die Bilder mit wenigen Klicks umwandeln. Es müssen also keine tiefergreifenden

Computerkenntnisse vorhanden sein, um die Bewerbung professionell zu gestalten.

Danach kann die Bewerbung komplett als einzelne Datei an das Unternehmen versendet werden. Dies erleichtert dem Personalmitarbeiter die Durchsicht. Hier gilt, je einfacher dem Verantwortlichen die Arbeit gemacht wird, desto wohlwollender wird er die Bewerbung aufnehmen. Ist die Bewerbung in zahlreiche einzelne Dateien zerstückelt, wird er sich womöglich erst gar nicht die Mühe machen, diese alle durchzusehen. Damit gehen wichtige Informationen verloren und werden gar nicht erst beachtet.

Mit diesen einfachen Tipps und der richtigen Struktur gelingt das Bewerbungsschreiben mit Sicherheit.

6 Häufige Fehler des Anschreibens

Nach dem Lesen des vorherigen Kapitels sollte schon ein guter Eindruck darüber bestehen, wie das Anschreiben auszusehen hat. Dennoch können die ersten Versuche natürlich noch etwas zaghaft sein und Formulierungen für sich selber etwas merkwürdig klingen. Damit zumindest die gröbsten Schnitzer nicht passieren, werden in diesem Kapitel häufige Fehlerquellen genannt. Der folgende Text kann als eine Art Checkliste betrachtet werden, die bei der Abgabe der Bewerbung durchgegangen werden sollte.

Ein fehlerhafter Unternehmensname oder Adresse

Rechtschreibfehler oder eine fehlerhafte Formatierung gelten bei der Anfertigung der Bewerbung als Makel. Im schlimmsten Falle kann dies sogar dazu führen, dass die Bewerbung aussortiert wird und ein Mitbewerber den Vorzug erhält.

Wird der Unternehmensname falsch geschrieben, wird es mit der Bewerbung nochmals schwieriger. Dies zeigt nicht nur, dass die Bewerbung mit wenig Sorgfalt erstellt wurde, sondern könnte auch so interpretiert werden, dass wenig Interesse am Unternehmen vorhanden ist. Vorsicht ist geboten, wenn es sich um einen etwas ausgefalleneren Eigennamen handelt. Hier sollte dringend darauf geachtet werden, dass die originale Form des Namens beibehalten wird. Wer sich unsicher ist, kann dazu das Impressum der Webseite des Unternehmens aufrufen. Dort ist meistens eine genaue Angabe des Namens vorhanden, welche übernommen werden kann.

Auch wenn die meisten Bewerbungen heutzutage digital versendet werden, ist die Adresse weiterhin ein wichtiger Bestandteil. Ebenso wie der Unternehmensname, wirkt eine fehlerhafte Adresse unprofessionell. Eine häufige Fehlerquelle ist zudem, dass Adressen von vorherigen Bewerbungen nicht ausgetauscht wurden. Wird eine Vielzahl von Bewerbungen verschickt, ist es sicherlich ratsam sich eine grobe Vorlage zu erarbeiten. Allerdings sollte dabei streng darauf geachtet werden, dass korrekte Daten vorhanden sind.

Sicherer ist es daher, wenn als Grundlage eine unbearbeitete Vorlage zur Verfügung steht. Dort können die Felder zum Beispiel rot markiert werden, um durch die auffällige Gestaltung deutlich darauf hinzuweisen, dass diese verändert werden müssen.

Rechtschreibfehler und fehlerhafte Grammatik

Fehler im Anschreiben werden von Personalmitarbeitern schnell als Anhaltspunkte dafür genommen, dass die Arbeit nicht sorgfältig durchgeführt wird und sich dies auch im späteren Arbeitsalltag äußern könnte. Rechtschreibprüfungen erlauben zumindest beliebte Rechtschreibfehler schnell aufzuspüren. Allerdings sind die Prüfungen noch nicht so ausgereift, dass damit tatsächlich alle Rechtschreibfehler ausgemerzt werden.

Zum Schreiben der Bewerbung ist es sinnvoll, sich daher einzulesen, wie das Korrekturlesen verbessert werden kann. So sollte die Prüfung des Textes auf Rechtschreibfehler erst am nächsten Tag erfolgen. Dadurch ist etwas Zeit vergangen und das Risiko sinkt, dass Fehler einfach übersehen werden. Um den Gewöhnungseffekt zu verhindern, kann es auch hilfreich sein die Schriftart zu ändern. Eine vollkommen andere Schriftart gewährt die Illusion, dass es sich um einen unbekannten Text handelt. Es fällt damit deutlich leichter, Fehler zu finden und den Text zu korrigieren.

Zu guter Letzt kann auch eine andere Person über das Anschreiben schauen. Durch den kritischen Blick der fremden Person kann ein neuer Eindruck gewonnen und einige Fehler gefunden werden, die selber im Verborgenen geblieben wären.

Als Rechtschreibprüfung gibt es, neben der hauseigenen Möglichkeit in Word, auch verschiedene Zusätze. Hier kann unter anderem das digitale Angebot des Dudens genutzt werden. Die Duden Software lässt sich direkt mit Word verknüpfen und eine tiefergreifende Rechtschreibprüfung kann stattfinden. Beliebte Fehler sind zum Beispiel seid/seit oder das/dass. Hier sollte Wert daraufgelegt werden, dass die Regeln der Rechtschreibung bekannt sind.

Unseriöse E-Mail-Adresse

Eine Bewerbung ist immer eine Präsentation der eigenen Person und der Fähigkeiten. Dies sollte möglichst seriös geschehen, um ernst genommen zu werden. In Zeiten, in denen die digitale Welt zunehmend mit der realen verschmilzt, gilt es auch darauf zu achten, wie die virtuelle Persönlichkeit gestaltet ist. Das Hauptmerkmal ist bei dem Versenden der E-Mail hierbei die Adresse. Wenn der Personalmitarbeiter eine E-Mail im Postfach von einer sehr unseriös klingenden Adresse hat, kann die Gefahr bestehen, dass diese Bewerbung erst gar nicht geöffnet wird.

Womöglich landet diese sofort im digitalen Papierkorb und erhält erst gar keine Chance, um geöffnet zu werden. Hierzu gehören vor allem Adressen, die eine Kombination mit Zahlen nutzen. Beginnt die Adresse mit "Mäuschen137", wird der Personalmitarbeiter sehr vorsichtig mit dieser E-Mail umgehen und diese wahrscheinlich in den Spam-Ordner ablegen. Wird dies nicht manuell getan, besteht auch das Risiko, dass der Spam-Filter so sensitiv reagiert, dass diese Adresse schon als Grund genommen wird, um die E-Mail als Sicherheitsgefahr einzustufen.

Als Lösung sollte eine neue seriöse E-Mail-Adresse angelegt werden. Diese besteht ganz simpel aus dem eigenen Namen und benötigt keine weiteren Zahlenzusätze. Solch eine E-Mail-Adresse kann vollkommen kostenlos bei diversen Anbietern erstellt werden.

Zu langes Bewerbungsschreiben

Das Anschreiben soll vor allem kurz und knackig zu lesen sein. Innerhalb kürzester Zeit sollte der Personalmitarbeiter einen Überblick über die eigene Person und den Fähigkeiten erhalten. Wird das Anschreiben auf länger als eine Seite gestreckt, ist dies nicht unbedingt ein Argument dafür, dass die Fähigkeiten so umfangreich seien, dass dafür eine extra Seite benötigt wird. Vielmehr deutet dies ein fehlendes Organisationstalent an. Die Struktur entspricht nicht den Vorgaben und dies kann auch so interpretiert werden, dass der spätere Beruf nicht sorgsam ausgeübt wird.

Das Anschreiben sollte daher zwingend innerhalb einer Seite erfolgen. Wer glaubt, so vielfältige Kompetenzen zu besitzen, dass diese alle für die Stellenausschreibung relevant seien, sollte lieber Prioritäten setzen und nur die wichtigsten Fähigkeiten erwähnen. Ebenso können ausschweifende Formulierungen gekürzt werden. Es geht nicht unbedingt darum, einen schönen Text mit einer bebilderten Sprache zu erstellen. In erster Linie werden Sachinhalte vermittelt und dies lässt sich am einfachsten gestalten, indem kurze prägnante Formulierungen genutzt werden.

Sollte der Lebenslauf etwas zu lang geraten, kann das Deckblatt als Ausweichmöglichkeit genutzt werden. Dort können zum Beispiel das Bewerbungsfoto, die Adresse und der Name abgebildet werden. Allerdings ist dies eher eine Notlösung und auch hier gilt, dass ein zu langer Lebenslauf nicht gerade überzeugend wirkt.

Fehlerhafte Formatierung

Die Formatierung besitzt einen wesentlichen Einfluss auf das Gesamterscheinungsbild. Wie genau das Anschreiben formatiert werden sollte, wurde bereits im vorherigen Kapitel ausgeführt. Die Formatierung ist vor allem für einen schönen Gesamteindruck zuständig. Von dieser sollte selbst bei etwas ausgefalleneren Bewerbungen nicht abgewichen werden.

Am besten ist es, wenn eine Vorlage angefertigt wird, bei der die Formatierung bereits erfolgt ist. Hierzu sollten die Vorlagen in Word für die Überschriften und Textformatierung genutzt werden. Auch die Seitenränder können bereits im späteren Design eingestellt werden. Vermieden werden sollte auf jeden Fall das Abweichen von den gültigen Formatierungsregeln, um etwas mehr Text auf eine Seite platzieren zu können. Das Ausweichen auf eine Schriftgröße 8 dient nicht dem eigenen Vorteil, sondern wird als grober Fehler angesehen. Die Bewerbung ist sehr schwer lesbar und wird daher nicht gerade mit Wohlwollen vom Personalmitarbeiter bewertet.

Verwendung des Konjunktivs

Die Bewerbung soll selbstbewusst und zielstrebig klingen. In der Vergangenheit galt allerdings häufig, dass der Konjunktiv als eine Art Höflichkeitsformel angesehen wird. Indem der Konjunktiv genutzt wurde, sollte ein zu forsches Auftreten vermieden werden und die gesamte Bewerbung etwas freundlicher klingen.

Heutzutage gehört dieses Empfinden der Vergangenheit an. Wer den Konjunktiv in der Bewerbung nutzt, gilt nicht als freundlich, sondern eher als unsicher. Formulierungen wie: "Ich könnte zum 01. April zur Verfügung stehen" werden vom Personalmitarbeiter sehr negativ aufgenommen. Dieser kann nach dieser Formulierung gar nicht sicher sein, ob wirklich zum vereinbarten Zeitpunkt, der Eintritt in das Unternehmen erfolgen kann oder ob er noch länger warten müsste.

Daher gilt beim Anschreiben, dass der Konjunktiv der Vergangenheit angehört. Fähigkeiten werden so beschrieben, dass diese auf jeden Fall vorhanden sind und die zukünftigen Aufgaben bewältigt werden können. Wer schon im Anschreiben mit dem Konjunktiv versucht sich ein passendes Hintertürchen zu öffnen, weil die Fähigkeiten womöglich nicht ausreichen, wird als unsicher eingeschätzt und möglicherweise so bewertet, dass der Arbeitsplatz zu einer Überforderung führen könnte.

Die Vermeidung des Konjunktivs bezieht sich hierbei auf alle Teile des Anschreibens. Dies gilt genauso für die Verabschiedung und Schlussformulierung. Anstelle eines "Ich würde mich sehr über eine Einladung zum Vorstellungsgespräch freuen", sollte lieber ein entschlossenes "Einem persönlichen Gespräch stehe ich aufgeschlossen gegenüber" oder eine ähnliche Formulierung folgen. Jeglicher Zweifel sollte also aus dem Anschreiben verbannt werden.

Zu viele Superlative

Das genaue Gegenteil vom Konjunktiv, drücken die Superlative aus. Durch die Wahl möglichst vieler starker Adjektive besteht der Wunsch, der Bewerbung etwas mehr Nachdruck zu verleihen und besonders selbstbewusst zu erscheinen. Mit Behauptungen wie "der zielstrebigste und erfolgreichste Mitarbeiter im Team zu sein", möchte vielleicht der Eindruck vermittelt werden, wie groß doch die eigene Leistung sei.

Für das Anschreiben wird eine selbstbewusste Wortwahl bevorzugt. Dies sollte allerdings nicht dadurch erreicht werden, indem das Anschreiben mit zahlreichen Superlativen ausgeschmückt wird. Dies klingt nicht nur wenig glaubhaft, sondern wird auch schnell als arrogant aufgefasst. Es gilt also einen gesunden Mittelweg zu finden zwischen einem selbstbewussten Auftreten und etwas Bescheidenheit.

Im Passiv schreiben

Bei Anschreiben kann zwischen der aktiven und der passiven Anrede unterschieden werden. Eine passive Anrede würde etwa so aussehen: "In meinem Studium wurde mir durch das Projekt folgende Kompetenz vermittelt". Diese Anrede erweckt den Eindruck, dass das Studium oder das Projekt nur als passiver Teilnehmer verfolgt wurde. Anstatt selber etwas zu lernen oder anzuwenden, wurden Lerninhalte passiv vermittelt. Dies erweckt eher den Eindruck der Unselbstständigkeit.

Daher ist es zu empfehlen, das Anschreiben möglichst im Aktiv zu halten. Die Formulierung sollte also wie folgt aussehen: "Während der Mitarbeit am

Projekt habe Ich gelernt." Dies vermittelt direkt eine größere Beteiligung am Projekt und anstatt einfach nur ein passiver Teilnehmer zu sein, steht die eigene Arbeit im Vordergrund. Für den Personalverantwortlichen wird damit deutlicher, dass die Mitarbeit kein Fremdwort ist und ein positiver Beitrag geleistet werden kann.

Sätze mit Passiv-Konstruktionen sind also zu vermeiden. Die Konstruktionen im Passiv signalisieren nicht unbedingt die höchste Motivation und sollte daher nicht verwendet werden. Den eigenen Stil des Anschreibens zu finden ist nicht immer einfach. Mit den drei Hinweisen, dass Konjunktive, Superlative und der Passiv vermieden werden sollen, sind aber bereits einige Schritte getan, um den Schreibstil der Anrede zu verbessern.

Fehlende Unterschrift

Die digitale Form der Bewerbung hat nicht zur Folge, dass bestimmte Regeln nicht mehr eingehalten werden müssen. Dazu gehört, dass jede Bewerbung über ein Datum, den Ort und einer Unterschrift verfügen sollte. Dies ist bei Briefen in jedem Fall zwingend notwendig und in der Vergangenheit als absoluter Standard angesehen worden.

Auch bei der Bewerbung per E-Mail muss eine Unterschrift am Ende des Anschreibens vorhanden sein. Hierfür reicht es in der Regel schon aus, wenn etwa über das Zeichenprogramm Paint, der eigene Name mit der Funktion des Freihandzeichnens geschrieben wird. Danach wird dieses Bild gespeichert und kann in jedes Dokument eingefügt werden.

Eine Alternative bietet der gängige Adobe-Reader an. Nachdem die Dokumente als PDF gespeichert wurden, können diese per Reader unterschrieben werden. Hierzu gibt es in der Symbolleiste entweder die Funktion zum globalen unterschreiben oder die Funktion "Ausfüllen und unterschreiben". Auf diese Weise kann unter jedes Dokument der eigene Name geschrieben werden und dies gleicht der Form eines herkömmlichen Briefes. Dadurch wirkt die Bewerbung direkt viel seriöser und nicht einfach nur wie ein lieblos gestaltetes Dokument.

Aus der Handschrift können ebenso bestimmte persönliche Eigenschaften abgeleitet werden. Daher sollte die Schrift nicht zu klein sein. Dies wird eher als zurückhaltend und weniger selbstbewusst eingestuft. Auch hier gilt, ruhig etwas mehr Mut, um den Raum für die Unterschrift voll auszunutzen. Dies macht gleich einen sehr viel zielstrebigeren Eindruck.

Wer über die Möglichkeit verfügt einen Scanner zu nutzen, kann auch darüber seine Unterschrift einfügen. Dazu wird die Unterschrift einfach eingescannt, als Bild gespeichert und später im Word-Dokument eingefügt.

Keine Belege vorhanden

Grundsätzlich gilt, dass alle Aussagen während des Anschreibens belegt werden sollten. Andernfalls könnte natürlich jeder Bewerber von sich behaupten, dass er über Kompetenzen verfüge, die in Wahrheit gar nicht vorhanden sind. Besonders beliebt im Anschreiben sind Kompetenzen, die die Teamfähigkeit unter Beweis stellen sollen. Auch eine hohe Belastbarkeit gilt heutzutage als Grundvoraussetzung für viele Arbeitsstellen. Daher wird häufig in Anschreiben erwähnt, welch guter Teamplayer man doch sei und dass hohe

Belastungen ohne Probleme bewältigt werden können.

Was sich für den Personalmitarbeiter grundsätzlich gut anhört, hat allerdings kaum einen Wert, wenn dies nicht irgendwie belegt wird. Wer also von sich behauptet, sehr gut im Team arbeiten zu können, sollte entsprechende Nachweise liefern. Dies kann entweder im Anschreiben erfolgen, indem zum Beispiel ein konkretes Projekt genannt wird, das die Teamfähigkeit bestätigt, oder indem Zeugnisse oder andere Dokumente der Bewerbungsmappe beigefügt werden.

Wurde eine ehrenamtliche Tätigkeit ausgeführt, zum Beispiel im THW, kann dieser Nachweis ruhig der Bewerbung hinzugefügt werden. Auch wenn die Arbeitsstelle in einer komplett anderen Branche liegen sollte, kann diese freiwillige Tätigkeit mit einigen positiven Kompetenzen verbunden werden.

Wenn entsprechende Fähigkeiten im Anschreiben genannt werden, ist es zudem von Vorteil, diese nicht einfach nur sehr allgemein auszudrücken. Der Hinweis darauf, dass man teamfähig sei, bringt dem Personalmitarbeiter kaum einen Erkenntnisgewinn. Besser ist es, konkret zu schreiben, dass bereits Projekte mit einer Teamgröße von bis zu 10 Personen erfolgreich zum Abschluss gebracht wurden. Innerhalb dieser Ausführung kann das Projekt und der eigene Anteil in einem Satz etwas näher beschrieben werden. Durch diese sehr konkrete Aussage wird nicht nur die Glaubhaftigkeit gesteigert, sondern auch ein besserer Eindruck davon vermittelt, was mit der Teamfähigkeit eigentlich genau gemeint ist.

Anstatt also nur allgemeine Aussagen und schwammige Formulierungen zu nutzen, ist es hilfreich die eigenen Fähigkeiten etwas konkreter zu beschreiben. Dies hilft für die Einschätzung der tatsächlichen Arbeitsfähigkeit bei der zukünftigen Stelle.

Zu große Offenheit

Ehrlichkeit ist sicherlich eine positive Eigenschaft. Bei der Bewerbung geht es allerdings darum, sich möglichst positiv zu verkaufen und einen guten Eindruck zu hinterlassen. Erfolgt die Bewerbung aus einer Festanstellung heraus, gibt es womöglich triftige Gründe, die zu dieser Entscheidung geführt haben. Eventuell war das Gehalt nicht ausreichend oder die Atmosphäre im Unternehmen war vergiftet. Dies mögen nachvollziehbare Gründe sein, weshalb der Job aufgegeben wird, dem neuen Arbeitgeber aber aus voller Offenheit diese Gründe aufzuzählen kann auch zum Nachteil ausgelegt werden.

Wer sich zum Beispiel über einen schlechten kollegialen Zusammenhalt beschwert, kann selber in Gefahr gerate, als Einzelgänger eingestuft zu werden. Womöglich färben die Vorwürfe, die eigentlich an die ehemaligen Kollegen gerichtet sind, auf einen selber ab. Durch das Erwähnen dieser schlechten Eigenschaften stellt der Personalmitarbeiter einen direkten Bezug zum Bewerber her.

Daher ist Vorsicht geboten, wenn gerade der Job beendet wurde und dafür gute Gründe vorhanden sind. Hier gilt es sehr diplomatisch vorzugehen. Es ist auch nicht verboten, andere Gründe vorzuschieben und diese als Hauptgrund zu nennen. Zudem sind Wechselgründe noch kein Thema, welches von sich aus in der Bewerbung erwähnt werden müssten. Erst im Vorstellungsgespräch wird häufig die Frage nach den Beweggründen für den Wechsel gestellt. Hier kann natürlich selber abgeschätzt werden, wie ehrlich man dem Gesprächspartner gegenübertreten möchte oder ob auch eine diplomatische Antwort ausreichend ist.

Wer zu ehrlich in der Bewerbung ist und womöglich negative Seiten des jetzigen Jobs aufzählt, läuft in Gefahr, dass diese Eigenschaften mit der eigenen Person assoziiert werden. Besser ist es, wenn etwas Diplomatie an den Tag gelegt wird und kein schlechtes Haar an den vorherigen Kollegen oder dem Chef gelassen werden.

Unter Beachtung dieser Punkte können die gröbsten Fehler vermieden werden. Dies heißt im Umkehrschluss noch nicht, dass daraus direkt eine erstklassige Bewerbung entsteht. Die Fehlervermeidung ist jedoch eine Grundvoraussetzung dafür, dass die Bewerbung nicht als negativ aufgefasst wird. Mit etwas mehr Übung im Schreiben und durch die Anfertigung mehrerer Bewerbungen wird auch der sprachliche Stil sich verbessern. Es kann auch ratsam sein, sich an anderen Bewerbungen zu orientieren, die online vorgestellt werden. Natürlich sollte darauf geachtet werden, dass es sich um seriöse Plattformen handeln, die tatsächlich über Fachkompetenz verfügen.

7 Worauf es beim Lebenslauf ankommt

Zusammen mit dem Anschreiben stellt der Lebenslauf das zentrale Dokument dar, welches einen ausführlichen Einblick in die eigene berufliche Laufbahn gewähren kann. Sowohl das Anschreiben, als auch der Lebenslauf dienen in erster Linie dazu, die eigenen Fähigkeiten und Kompetenzen darzustellen. In Deutschland ist es üblich, das eine Bewerbung sowohl aus dem Anschreiben, als auch dem Lebenslauf besteht. International gibt es allerdings unterschiedliche Regelungen. Hier wird dem Lebenslauf eine so hohe Bedeutung beigemessen, dass ein Anschreiben erst gar nicht verlangt wird. Allein auf Grundlage des Lebenslaufes wird bereits eine Entscheidung darüber getroffen, ob die Fähigkeiten ausreichend für die Stelle sind oder ob doch lieber ein Mitbewerber bevorzugt wird.

In Deutschland ist die Bewerbung ausschließlich mit einem Lebenslauf kaum vorzufinden. Durch diesen Sachverhalt wird deutlich, dass dieser Teil der Bewerbung nicht unterschätzt werden sollte. Es handelt sich zwar im Grunde nur um eine tabellarische Abbildung des eigenen Werdeganges, dieser ist aber mitentscheidend darüber, welche Bewerber in die engere Auswahl gelangen.

Anforderungen an den Lebenslauf

Ähnlich wie beim Anschreiben, sollte auch beim Lebenslauf im Hinterkopf behalten werden, dass hunderte unterschiedliche Lebensläufe vom Personalverantwortlichen gesichtet werden müssen. Es mag zwar sehr kreativ klingen, wenn der Lebenslauf außergewöhnlich gestaltet wurde. Wenn dies allerdings zulasten der Übersichtlichkeit geht und es einige Minuten dauert, um überhaupt den Aufbau und den Inhalt zu verstehen, wird dies bereits als ein Makel angesehen.

Bei wenigen Bewerbungen macht es kaum einen Unterschied, ob es zwei oder fünf Minuten dauert, einen Lebenslauf kurz durchzugehen. Werden aber hunderte Dokumente bearbeitet, kann dies schnell einen erheblichen Mehraufwand darstellen. Daher ist von Anfang an darauf zu achten, dass der Lebenslauf den gängigen Regeln entspricht.

Ähnlich wie beim Anschreiben werden Lebensläufe nicht im Detail durchgelesen. Im ersten Sichtungsprozess ist es unwesentlich, welchen Namen das Gymnasium trägt, auf dem das Abitur abgelegt wurde. Vielmehr wird der Lebenslauf nur überflogen und nach Schlüsselwörtern gefiltert. Dazu gehören unter anderem die einzelnen Abschlussnoten und Fähigkeiten. Hier gilt das Gleiche wie beim Anschreiben. Die Fähigkeiten sind unbedingt mit der Stellenbeschreibung abzustimmen. Dadurch wird das Überfliegen erleichtert und der verantwortliche Personalmitarbeiter kann sich sicher sein, dass die Fähigkeiten, die für die Stelle gebraucht werden, auch vorhanden sind.

Neben der inhaltlichen Abstimmung und Optimierung, ist auch das Design wichtig. Dieses muss ebenfalls so gestaltet sein, dass ein einfaches Überfliegen möglich ist. Nur in einzelnen Ausnahmefällen, wie der Kreativbranche, kann der Lebenslauf etwas freier gestaltet werden. In allen anderen Bereichen ist es jedoch notwendig, dass gewisse Standards eingehalten werden. Andernfalls wird der Personalmitarbeiter nur vor zusätzlichen Herausforderungen gestellt, die eigentlich nichts in einer Bewerbung zu suchen haben.

Wird im Anschreiben eine besondere Farbgebung oder Gestaltung verwendet, die sich zum Beispiel am Corporate Design orientieren, kann dies auch im Lebenslauf fortgesetzt werden. Auch wenn sich der eigene Werdegang von Bewerbung zu Bewerbung nicht unterscheidet, sollte jeder Lebenslauf an die Stellenausschreibung individuell angepasst werden.

Hilfreich ist hierfür das Erstellen einer Vorlage. Mit der Testversion der Software können Sie Ihren Lebenslauf ganz einfach erstellen. Also worauf warten Sie noch? Nutzen Sie diese Gelegenheit und erstellen Sie spielend einfach Ihren Lebenslauf.

Welche inhaltlichen Punkte genau in den Lebenslauf gehören, wird im nächsten Kapitel erläutert.

Der Aufbau des Lebenslaufes

Um die Arbeit für den Personalverantwortlichen zu erleichtern, hat sich ein gewisser Standard bei der Erstellung des Lebenslaufes eingebürgert. Diese Struktur sollte übernommen werden, um ein schnelles "Screening" zu ermöglichen.

An oberster Stelle wird das Dokument benannt. In großer Schrift wird also Lebenslauf an den Anfang der Seite geschrieben. Dahinter folgt der Name. Vom Design her kann sich der Name etwas von der Überschrift abgrenzen. So sollte "Lebenslauf" zentriert und in Schwarz geschrieben stehen. Eher rechtsbündig und in einem dunklen Blauton steht der Name. Als Alternative zum Begriff des Lebenslaufes kann auch "Curriculum Vitae" genommen werden. Diese Bezeichnung ist vor allem im Ausland gebräuchlich. Wird bei einer internationalen Bewerbung der CV verlangt, ist dies allerdings nicht mit dem deutschen Lebenslauf gleichzusetzen.

Eine genauere Abgrenzung des CVs und des Lebenslaufes folgt im nächsten Kapitel.

Nachdem die passende Bezeichnung für das Dokument gefunden wurde, folgt der eigentliche Inhalt. Dieser beginnt mit den persönlichen Daten. In Deutschland ist es in großen Teilen noch üblich, dass Daten, wie der Name, der Geburtsort und die

Staatsangehörigkeit genannt werden. Manche Unternehmen bevorzugen allerdings eine anonyme Bewerbung, wo auf diese persönlichen Merkmale verzichtet werden. Ist nichts Genaueres genannt, sollten diese Daten jedoch angegeben werden.

Zu den persönlichen Daten, die in Deutschland abgefragt werden gehören: Vor- und Nachname, Geburtstag, Geburtsort, Anschrift, Familienstand und die Staatsangehörigkeit. Die Religionszugehörigkeit gehört in der Regel nicht zu den geforderten Daten. Dazu muss jedoch beachtet werden, an wen die Bewerbung gerichtet ist. Wird die Bewerbung zum Beispiel an eine katholische Einrichtung, wie einer Kindertagesstätte oder einem Krankenhaus gesendet, kann eine Voraussetzung die katholische Religionszugehörigkeit sein. Dann muss diese im Lebenslauf erwähnt werden.

Traditionell wurden auch die Tätigkeiten der Eltern im Lebenslauf erwähnt. Dies wird heutzutage nicht mehr gefordert. Daher müssen die Berufe nicht mehr genannt werden. Nur wenn diese in einem klaren Kontext zur Stellenausschreibung stehen und somit bereits ein familiärer Hintergrund nachgewiesen wird, könnte das Hinzufügen der elterlichen Berufe mit einem Vorteil verbunden sein.

Bei der Erstellung einer Vorlage bleiben die Daten in der Regel unverändert. Daher können diese dort bereits eingetragen werden und bestehen bleiben. Nach dem Aufzählen der persönlichen Daten, folgt die Bezeichnung der angestrebten Position. In Deutschland ist es bisher eher unüblich, die angestrebte Position auch im Lebenslauf zu nennen. Im englischsprachigen Raum hat sich diese Vorgehensweise bewährt und durchgesetzt. Durch das Erwähnen der angestrebten Position wird abermals deutlich, dass ein großes Interesse an dieser Position vorherrscht. Wer sich also einen Vorteil gegenüber den Mitbewerbern verschaffen möchte, sollte diesen kleinen, aber sehr effektiven Trick anwenden und die angestrebte Position auch im Lebenslauf nennen.

Danach folgt der eigentliche Werdegang. Dieser beschreibt die bisherige berufliche Karriere und gilt als Nachweis, welche Tätigkeiten in den jeweiligen Zeiträumen durchgeführt wurden. Hierzu wird eine Aufteilung in zwei Spalten vorgenommen. Auf der linken Seite steht der Beschäftigungszeitraum. Dieser wird meist im Format des Monats und Jahres angegeben. Neben dem Beschäftigungszeitraum wird auf der rechten Seite die Position und deren Beschreibung angegeben. Dazu gehört sowohl der Job Titel, als auch eine sehr kurze Ausführung über die tatsächlich durchgeführten Tätigkeiten. Die Beschreibung ist daher wichtig, weil viele Job Titel mittlerweile sehr aufgeweicht sind und große Freiheiten bei der eigentlichen Beschreibung der ausgeführten Tätigkeiten vorhanden sind. Um dem Personalmitarbeiter einen besseren Überblick über die eigenen Kompetenzen zu geben, ist daher eine kurze Ausführung der Aufgaben notwendig.

Vor dem beruflichen Werdegang zählt die Ausbildung als zentraler Aspekt des Lebenslaufes. Begonnen wird dieser Abschnitt mit dem höchsten Ausbildungsabschluss. Dies kann das Studium oder eine berufliche Ausbildung sein. In diesen Themenbereich gehören sowohl die Art des Abschlusses, der Name der Institution, als auch die Abschlussnote. Die Grundschule ist jedoch nicht von Interesse und muss hier nicht erwähnt werden. Der berufliche Werdegang beginnt im Zusammenhang mit dem Lebensgang, also mit der Oberschule.

In Stellenanzeigen wird in der Regel auf die Berufserfahrung verwiesen. Mit dieser soll sichergestellt sein, dass praktische Erfahrung vorhanden ist. Dies steht im Widerspruch zu Einstiegspositionen für Berufsanfänger welche ebenfalls schon Erfahrungen für die zukünftige Stelle verlangen. Auf beruflicher Ebene konnte diese Erfahrung noch nicht gewonnen werden, wenn nach der Schulausbildung direkt das Studium begonnen wurde. An dieser Stelle können nach der Ausbildung Praktika angeführt werden. Für den Universitätsabschluss werden in der Regel Praktika benötigt, welche nun in diesem Abschnitt erwähnt werden können. Selbst wenn die Praktika nicht in direktem Zusammenhang mit dem Beruf stehen, sollten diese erwähnt werden. Dadurch wird zumindest etwas Praxis im Berufsleben nachgewiesen und gezeigt, dass Soft-Skills vorhanden sind.

Sind besondere Qualifikationen vorhanden, werden diese nach den Praktika aufgeführt. Hier gilt allerdings die Bedingung, dass diese nur aufgeführt werden, wenn diese zu der Stelle passen. Damit die Qualifikationen auch als solche wahrgenommen werden, sollten Belege und Nachweise vorhanden sein. Insbesondere, wenn die Qualifikationen als Voraussetzung für die Stelle gelten. Wer sich beispielsweise im Qualitätsmanagement bewirbt und der "Six Sigma Yellow Belt" verlangt wird, sollte dies nicht nur einfach erwähnt, sondern auch mit dem entsprechenden Zertifikat belegt werden.

Nun sollte der Lebenslauf bereits mit einigen beruflichen Daten gefüllt sein. Die Qualifikationen und die Fähigkeiten werden aus den Daten zum Großteil schon ersichtlich. Neben diesen Kernkompetenzen, die für den Beruf als wichtig betrachtet werden, gibt es noch andere Fähigkeiten, die für die Entscheidung für oder gegen das Vorstellungsgespräch, wichtig sein können. Um einen näheren Einblick in die Persönlichkeit und den Soft-Skills des Bewerbers zu erhalten, werden zum Abschluss noch die Interessen genannt.

Einige Quellen behaupten, dass Interessen heutzutage nicht mehr Bestandteil des Lebenslaufes sein sollten. Dies ist etwas zu kurz gedacht, denn die Interessen können für die Eignung des Berufes eine wesentliche Rolle spielen. Werden Interessen verfolgt und entsprechend im Lebenslauf genannt, die in einer engen Verbindung mit der Stelle stehen, wird dies mit Sicherheit positiv aufgenommen. Allerdings ist auch hier etwas Vorsicht geboten. Aus den Interessen kann die Persönlichkeit abgeleitet werden, was auch zu einem negativen Gesamterscheinungsbild führen kann.

Wird zum Beispiel im Anschreiben erwähnt, dass man ein sehr großer Teamplayer sei, dann sind Hobbys, die vor allem alleine ausgeführt werden, eher kontraproduktiv. Dazu gehören vor allem beliebte Sportarten wie Tennis oder Laufen. Gesellen sich dann noch Hobbys wie lesen dazu, dann mag dies zwar eine interessante Persönlichkeit abbilden und durchaus Spaß machen, allerdings wird dadurch keine Teamfähigkeit nachgewiesen. Besser ist es daher, wenn Team-Sportarten oder andere Aktivitäten aufgezählt werden, die in einer kleinen Gruppe durchgeführt werden. Daher ist es auch von Vorteil, wenn nicht einfach nur "Sport" als Hobby angegeben wird, sondern die konkrete Sportart.

Neben den Interessen können noch andere Eigenschaften oder kleinere Qualifikationen aufgeführt werden, die für die Stelle relevant sind. Dazu gehören Sprachkenntnisse, Auslandserfahrung und der Führerschein. Auch ein Erste-Hilfe-Kurs wird gerne gesehen. Allerdings sollten diese Daten nur aufgeführt werden, wenn diese für die Stelle relevant sind. Wer beispielsweise im Vertrieb arbeiten möchte und häufig im Außendienst unterwegs ist, sollte auf jeden Fall den Führerschein angeben.

Um dem Werdegang einen offiziellen Charakter zu verleihen, wird dieser mit der Unterschrift abgeschlossen. Zusätzlich werden der Ort und das Datum angeführt.

Auf diese Weise sollte der Lebenslauf gestaltet werden. Personalmitarbeiter sind an diesen Aufbau gewöhnt, können schnell die einzelnen Punkte überfliegen und wichtige Erkenntnisse gewinnen.

Chronologische Ordnung

Klassischerweise wurden Lebensläufe in Deutschland so gestaltet, dass diese vom ältesten Ereignis zum Jüngsten sortiert wurden. An oberster Stelle stand also die Oberschule und erst weiter unten wurde der aktuelle Beruf angegeben. Diese Reihenfolge hatte sich für eine lange Zeit als Standard etabliert.

Im englischsprachigen Raum wird hingegen ein achronologischer Aufbau bevorzugt. Bei diesem steht der aktuelle Beruf oder die Beschäftigung an oberster Stelle und ausgehend davon, wird praktisch rückblickend der Werdegang beschrieben. Diese Sortierreihenfolge bietet dem Personalverantwortlichen den Vorteil, dass an oberster Stelle meist schon die wichtigste Tätigkeit steht. Er muss nicht erst den gesamten Lebenslauf durchgehen, um den aktuellen Beschäftigungsstatus zu erfahren. An oberster Stelle erfolgt bereits der Hinweis über die aktuelle Tätigkeit. Dadurch rücken eher unwichtige Stationen des Lebenslaufes, wie zum Beispiel der Schulabschluss, in den Hintergrund.

Aufgrund dieser Tatsache, dass diese Reihenfolge für das schnelle Screening besser geeignet ist, sollte auch bei Bewerbungen in Deutschland der achronologische Aufbau angewandt werden. Dieser hat sich in den letzten Jahren ohnehin als neuer Standard durchgesetzt. Lebensläufe, die sich noch nach den älteren Regeln richten, gelten hingegen als veraltet. Gerade für ältere Bewerber kann dies eine Stolperfalle darstellen. Ihnen könnte mitunter vorgeworfen werden, dass Sie sich nicht an die modernen Standards anpassen könnten und sich nicht mehr auf dem aktuellen Stand befinden würden.

Noch älter sind vor allem handschriftliche Lebensläufe. Dieser wird heute nicht mehr verlangt und an dessen Stelle ist der tabellarische Lebenslauf getreten, dessen Aufbau bereits vorher erläutert wurde. Es müssen also keine ausformulierten Sätze geschrieben werden, sondern es ist ausreichend, wenn die einzelnen Punkte in einer Tabelle aufgenommen und dargestellt werden.

Das Layout

Der Lebenslauf wird heutzutage also in Form einer Tabelle angelegt und die einzelnen Stationen des Lebenslaufes werden in achronologischer Reihenfolge dargestellt. Neben diesen Eigenschaften haben sich weitere Standards der Formatierung durchgesetzt. Deutschland ist dafür berüchtigt, Normen für alle Lebensbereiche einzuführen. Auch bei der Gestaltung von Briefen oder anderen Dokumenten gibt es eine Norm. Diese ist in der DIN

5008 zu finden. Wer also ein Interesse daran hat, den Lebenslauf streng nach einer Norm zu gestalten, kann sich daran orientieren. Dennoch ist diese Norm kein geltendes Gesetz und ein Abweichen davon ist durchaus legitim.

Als Grundlage kann die Formatierung des Layouts der Seite vorgenommen werden. Die Seitenränder sind wesentlich für den Gesamteindruck und den Platz, der auf einer Seite vorhanden ist. Am oberen Seitenrand wird ein Abstand von 4,5 Zentimeter empfohlen. Am unteren und linken Rand werden 2,5 Zentimeter vorgesehen. Der rechte Seitenrand beträgt 2 Zentimeter. Am besten ist es, wenn diese Vorlage bereits im Lebenslauf gespeichert wird. In Word geschieht dies über den Reiter "Layout" und danach ist ganz links in der Symbolleiste der Button für die Einstellung der Seitenränder zu finden. Beim Lebenslauf müssen die Seitenränder speziell definiert werden und keine der Vorlagen kann für den Lebenslauf angewandt werden.

Für das Anschreiben wird ein Zeilenabstand von etwa 1,5 gewählt. Der Lebenslauf könnte mit diesem großen Zeilenabstand jedoch etwas leer aussehen. Daher wird hier eher ein Zeilenabstand von 1 genutzt. Da ohnehin nur eine Tabelle vorhanden ist und kein Fließtext, erscheint die gesamte Seite nicht mehr so leer, sondern gut gefüllt. Der kleinere Zeilenabstand erlaubt zudem das Einbringen von mehr Informationen. Gerade wenn bereits einige berufliche Stationen durchlaufen wurden, ist die Anwendung des kleineren Zeilenabstandes hilfreich, um den Lebenslauf etwas zu kürzen. Auf der anderen Seite kann der Zeilenabstand erhöht werden, wenn noch keinerlei Berufserfahrung vorhanden ist und somit der Werdegang etwas kürzer ausfällt.

Auch beim Lebenslauf besitzt die Schriftgröße und die Art einen großen Einfluss auf die Gesamterscheinung. Traditionell wurde hier vor allem die Schriftart "Times New Roman" gewählt. Diese erinnert etwas stärker an klassische Schriftarten. Mittlerweile ist dort jedoch etwas mehr Freiraum möglich und es können durchaus andere Schriften angewandt werden. Für gewöhnlich sollten das Anschreiben und der Lebenslauf in der gleichen Schriftart geschrieben worden sein. Dies ergibt ein einheitliches Gesamtbild und wirkt weniger chaotisch. Allerdings sollte darauf geachtet werden, dass die Schrift sowohl für den Fließtext, als auch der tabellarischen Aufbereitung gut geeignet ist. Hier kann es durchaus Unterschiede in der Wirkung geben.

Grundsätzlich werden Schriftarten in zwei Kategorien unterteilt. Serifenschriften besitzen kleine Details an den jeweiligen Buchstaben. Kleine Haken, Schwünge oder Striche sorgen für einen dekorativeren Eindruck. Die Schriftart Times New Roman fällt in diese Kategorie. Im Gegensatz dazu gibt es serifenlose Schriftarten. Hierzu werden Arial, Helvetica und Verdana gezählt. Diese werden optisch als weniger dekorativ wahrgenommen.

Schriften mit Serif sind einfacher zu lesen. Die Buchstaben gehen besser ineinander über und der Text wirkt allgemein weniger zerstückelt. Als Serifenschriftarten kann zum Beispiel "Cambria" oder "Georgia" genutzt werden. Schriftarten ohne Serif können einen schöneren optischen Gesamteindruck erwecken. Hier gilt "Arial" klar als Favorit und gängiger Standard. Letztlich entscheidet der persönliche Geschmack darüber, welche Schriftart eingesetzt wird. Schriftarten mit Serif wirken zwar etwas seriöser und können daher in gewissen

Branchen einen besseren Eindruck vermitteln, die Schriftart sollte allerdings nicht überbewertet werden.

Als Schriftgröße wird auch beim tabellarischen Lebenslauf der Wert 12 bevorzugt. Überschriften werden jeweils mit einem Abstand von zwei Punkten größer dargestellt. Falls der Lebenslauf bereits zu sehr gefüllt sein sollte, kann auch die Schriftgröße von 11-Punkten verwendet werden. In diesem Fall sollte jedoch auf eine Schriftart mit Serif zurückgegriffen werden, da diese das Lesen der kleinen Schrift deutlich erleichtert.

Wie kreativ darf der Lebenslauf sein

Die bisherigen Regeln können in den meisten Branchen angewandt werden. Hier ist es deutlich besser, wenn auf ein Experiment verzichtet wird und der Lebenslauf den geltenden Normen entspricht. Es gibt jedoch auch genügend Bereiche und Berufsbilder, in denen eine etwas kreativere Gestaltung des Lebenslaufes geradezu verlangt wird. In der Medienbranche und gerade in Werbeabteilungen ist ein einfacher tabellarischer Lebenslauf nicht unbedingt überzeugend und wird eher als langweilig bezeichnet. Doch wo sind die Grenzen und wie könnte ein etwas kreativerer Lebenslauf aussehen?

Wichtig ist, dass auch ein etwas außergewöhnlicher Lebenslauf nicht ohne Regeln auskommt. Er muss ebenso formale Punkte beinhalten, die immer abgefragt werden. Neben den eigenen Daten sind dies der Ort, das Datum und die Unterschrift. Diese Merkmale werden bei kreativen Lebensläufen häufig vergessen, da sie nicht in das Design zu passen scheinen. Generell sollte inhaltlich darauf geachtet werden, dass die Eckdaten des Werdeganges weiterhin vorhanden sind und der Personalverantwortliche sämtliche Informationen erhält, die für die Einstellung von Relevanz sein könnten.

Größere Freiheiten sind jedoch im Design vorhanden. Während der klassische tabellarische Lebenslauf eher schlicht gehalten wird, kann jetzt etwas individueller vorgegangen werden. Dies bedeutet, dass die einzelnen Abschnitte des Lebenslaufes zum Beispiel mit Symbolen aufgewertet werden können. Mit grafischen Zusätzen wird dem Lebenslauf schon ein eigener Stil verliehen, der sich von den Mitbewerbern abheben sollte. Auch was die Gestaltung des Textes angeht, können Stilelemente eingesetzt werden. Besondere Hervorhebungen können zum Beispiel mit dem Fettdruck erfolgen.

Je nach Branche muss sich die Kreativität nicht nur auf den Lebenslauf beschränken. Eigene Projekte mitzuliefern oder die Bewerbung praktisch als ein Projekt von sich zu gestalten, kann bei hoher Qualität positiv aufgenommen werden. Digitale Elemente können als Bestandteil des Lebenslaufes verwendet werden. So können zum Beispiel bewegte Elemente für die Bewerbung im Fernseh- oder Filmbereich genutzt werden. Hierfür können einzelne Bewegtbilder schon in der Bewerbung integriert sein.

Wie beim Anschreiben gilt auch hier, dass der Grad der Kreativität von der jeweiligen Branche abhängig ist. Falls Unsicherheiten über die Gestaltung bestehen, sollte eine Recherche betrieben werden, wie die Lebensläufe in diesem Berufsbild normalerweise gestaltet sind. Diese können zumindest Anhaltspunkte darüber liefern, wie ausgefallen die eigene Bewerbung sein darf. Ein direktes Kopieren ist allerdings nicht zu empfehlen. Dies zeugt nicht gerade von Kreativität und wenn die Kopie zu offensichtlich ist, sinken die Erfolgschancen rapide.

Wie der Lebenslauf erstellt werden kann

Zum Erstellen des Lebenslaufes bieten sich mehrere Möglichkeiten. Am gebräuchlichsten ist die Verwendung des Textverarbeitungsprogrammes Word. In diesem wird bereits das Anschreiben angefertigt und indem der Lebenslauf dort auch gestaltet wird, ist kein zusätzliches Programm notwendig, welches erst mit einer zusätzlichen Einarbeitung verbunden wäre. Denn auch wenn die Erstellung eines einfachen Lebenslaufes nicht nach einer großen Herausforderung klingt, müssen einige Details beachtet werden, die für den Gesamteindruck entscheidend sind. Dazu gehören vor allem die formalen Layout Angaben, die bei anderen Softwares zu Problemen führen könnten.

Allerdings muss auch klar erwähnt werden, dass Word in einigen Bereichen klaren Einschränkungen unterliegt. Die Arbeitsweise ist mitunter nicht sehr intuitiv und muss erst erlernt werden. Dies kann zu Frustration führen und die Ergebnisse entsprechen nicht unbedingt der eigenen Vorstellung. Einen professionellen Lebenslauf zu gestalten ist daher mit einigem Aufwand verbunden. Insbesondere wenn das Design der Stellenausschreibung angepasst werden soll, gibt es hier einige Einschränkungen und Word ist in diesem Bereich nicht wirklich gut geeignet.

Findet die Bewerbung in einem kreativeren Bereich statt, ist die Anwendung anderer Grafikprogramme sinnvoller. Hierfür gibt es online verschiedene Anbieter, bei denen kostenlos die Erstellung eines Lebenslaufes möglich ist. Bei den kostenfreien Versionen ist der Funktionsumfang jedoch eingeschränkt, sodass Kosten anfallen. Ebenfalls kann sich eine nachträgliche Bearbeitung als schwierig erweisen.

In jedem Fall ist es hilfreich, wenn verschiedene Vorlagen genutzt werden, die für die Erstellung des Lebenslaufes vorhanden sind. Dadurch wird eine Struktur vorgegeben und Punkte werden nicht vergessen. Die simpelste Form der Erstellung des Lebenslaufes ist mit der verknüpften Software möglich. Dieses funktioniert nach dem Baukastenprinzip. Es müssen lediglich die Daten eingegeben werden und schon erstellt die Software völlig selbstständig einen professionellen Lebenslauf mit dem geläufigen Layout.

Somit sollten die Struktur und die Gestaltung des Lebenslaufes kein Hindernis mehr darstellen, um eine erfolgreiche Bewerbung abzugeben und beim Vorstellungsgespräch überzeugen zu können.

8 Welche Inhalte gehören in den Lebenslauf

Nachdem bereits die grobe Struktur des Lebenslaufes im vorherigen Kapitel erläutert wurde, werden nun die einzelnen Bestandteile etwas detaillierter ausgeführt. So kann der Lebenslauf dahingehend optimiert werden, dass dieser zu höheren Erfolgschancen führt. Schließlich gilt der Lebenslauf nicht einfach nur als abstrakte Tabelle. Es sollte sehr genau darauf geachtet werden, wie der

Inhalt gestaltet wird und welche Ereignisse im Lebenslauf dargestellt werden.

Das Bewerbungsfoto

Über den Inhalt des Lebenslaufes werden die eigene Persönlichkeit und die Kompetenzen transportiert. Dies ist allerdings nur bis zu einem gewissen Grad möglich. Für den Personalverantwortlichen fällt es schwer, die Person einzuschätzen. Gerne möchte man sich doch ein Bild davon machen, wie der zukünftige Kollege aussieht und ob dieser sympathisch erscheint. Das Bewerbungsfoto ist daher eine der wichtigsten Möglichkeiten, einen guten Eindruck zu erzielen und sich im besten Licht zu präsentieren. Mit einem professionellen Foto kann man sich besser verkaufen und die Chancen, die Stelle zu erhalten sind wesentlich höher. Um ein gutes Bewerbungsfoto zu erhalten, muss selber keine fotografische Ausbildung abgeschlossen werden. Wenn die einfachen Grundregeln befolgt werden, entsteht bereits ein ansprechendes und professionelles Bild.

Bewerbungen werden häufiger unter den Gesichtspunkten erstellt, dass diese nicht von einer Diskriminierung betroffen sein können. Dazu gehört auch, dass auf ein Bewerbungsfoto verzichtet wird. Im internationalen Bereich ist der Verzicht auf das Foto bereits gängige Praxis. In Deutschland ist es jedoch weiterhin der gängige Standard, dass das Bewerbungsfoto mit zur vollständigen Bewerbung gehört. Mit dem Bewerbungsfoto kann auf den ersten Blick schon suggeriert werden, ob der Kandidat für die Position geeignet ist. Führungskräfte sollten hierbei selbstsicher auftreten. Was im Text noch durch einen sehr fein geschliffenen Stil erzielt werden könnte, lässt sich im Bewerbungsfoto nur schwer kaschieren. Wer selber unsicher ist, wird dies im Foto auch transportieren und möglicherweise als Führungskraft wenig geeignet sein. Das Bild kann also im Gesamtpaket mit dem Anschreiben und dem Lebenslauf für eine Beurteilung der Leistung herangezogen werden. Wer hingegen auf das Foto verzichtet, erweckt den Eindruck, dass etwas verborgen werden soll. Personalverantwortliche könnten von dieser anonymen Bewerbung etwas verunsichert sein und lieber von einem Vorstellungsgespräch absehen.

Nicht jeder Bewerber wurde als Model geboren und ein Foto-Shooting kann eine unangenehme Angelegenheit sein. Die gute Nachricht ist, dass mit kleinen Veränderungen und etwas Engagement, positive Fotos erstellt werden können.

Der wichtigste Punkt liegt im Ausdruck und der Pose. Beim Bewerbungsfoto ist ein dezentes Lächeln erwünscht. Dies wirkt sympathischer und aufgeschlossener. Dies gilt auch für Führungskräfte oder andere Bereiche, die mit einer hohen Seriosität verbunden werden. Ein ernsthafter Gesichtsausdruck ohne Lächeln wird hierbei nicht als durchsetzungsfähig wahrgenommen, sondern eher als unfreundlich. Daher sollte selbst bei ernsteren Bereichen ein minimales Lächeln an den Tag gelegt werden. Wer in einem sozialen Beruf tätig ist und eng mit Menschen zusammenarbeitet, kann das Lächeln ruhig etwas betonen. Dies stellt eine positive Assoziation der Sozialkompetenz her und kann sich positiv auf den Bewerbungsprozess auswirken.

Das Foto sollte vor allem das Gesicht zeigen. Die Augen gelten als Spiegel der Seele und bei dem Bild sollen diese besonders gut zur Geltung kommen. Daher wird ein Bildausschnitt im Halbportrait bevorzugt. Der Blick sollte zum Betrachter gehen.

Ein Blick in die Ferne mag zwar etwas träumerischer und geheimnisvoller wirken, für ein Bewerbungsfoto ist solch eine Haltung allerdings fehl am Platz. Der Personalverantwortliche möchte gerne den Augenkontakt herstellen und daher geht der Blick immer in die Kamera.

Wichtig ist auch das gesamte Erscheinungsbild. Dazu gehört ein gepflegtes Äußeres und die passende Kleidung. Mit dem Anzug oder anderer formeller Kleidung wird nichts falsch gemacht. Diese sollte natürlich knitterfrei und sauber sein. Zu dem gepflegten Äußerem gehört bei Männern, dass der Bart möglichst kurzgehalten wird. Mittlerweile gilt ein Drei-Tage Bart als gesellschaftsfähig. Sicherer ist es jedoch, wenn eine saubere Rasur erfolgt. Frauen können ein dezentes Make-up auftragen. Dieses sollte möglichst natürlich wirken und nicht zu dick aufgetragen werden. Generell gilt, dass sich das Erscheinungsbild an der späteren Stelle orientieren sollte. Wer sich bei einer Bank bewirbt, sollte nach Möglichkeit Tattoos abdecken und Piercings abnehmen. Bei kleinen kreativen Agenturen stellen Tattoos jedoch meist kein Problem mehr dar.

Bei der Gestaltung des Bewerbungsfotos sollte ein großer Wert auf den Hintergrund gelegt werden. Dieser sollte nicht von der Hauptperson ablenken. Hierfür eignet sich ein Studio, mit einer neutralen Farbe im Hintergrund. Das Bewerbungsfoto kann auch im Freien aufgenommen werden. Allerdings ist hierfür auf ausreichendes Licht und den ruhigen Hintergrund zu achten. Als Format haben sich entweder 6x4 oder 9x6 Zentimeter etabliert. Wird der Bewerbung ein Deckblatt beigefügt, wird dort das Bewerbungsfoto abgebildet. Ist kein Deckblatt vorhanden gehört das Foto lediglich in den Lebenslauf und nicht in das Anschreiben.

Damit das eigene Abbild gut aussieht, wird der Gang zum professionellen Fotografen empfohlen. Dieser kennt sich mit der Materie bereits besser aus und kann hinsichtlich des Fotos noch einige Tipps geben. Schnell ein Foto mit einem Automaten erstellen oder ein Urlaubsfoto zu verwenden macht hingegen keinen guten Eindruck. Daher sollte für das Foto etwas mehr Geld in einen professionellen Fotografen investiert werden.

Das fertige Bild wird entweder auf den Lebenslauf aufgeklebt oder eingescannt und dann direkt digital eingefügt. Vermieden werden sollte das lose Befestigen mit einer Büroklammer. Das Foto könnte im schlimmsten Fall nicht an der Bewerbung hängen bleiben, sondern verloren gehen. Im besten Fall ist das Foto bei der Durchsicht zwar vorhanden, eine lose Befestigung mit der Büroklammer wirkt allerdings etwas unordentlich und entspricht nicht dem gängigen Stil.

Mit dem passenden Foto kann schon auf den ersten Blick eine positive zwischenmenschliche Verbindung aufgebaut werden. Daher ist es durchaus angebracht, etwas Geld zu investieren, um anständige Bilder zu erhalten. Diese Investition könnte sich im Bewerbungsverfahren als goldrichtig herausstellen.

Wann sollten Praktika Bestandteil des Lebenslaufes sein

Gerade wenn erst das Studium oder die Ausbildung beendet wurde, wird es schwer sein eine gewisse Berufserfahrung nachzuweisen. Zwar ist das Studium oder die Ausbildung auch mit hohen Anforderungen verbunden. Mit dem Arbeitsleben ist dies allerdings nicht wirklich vergleichbar. Daher wird bei der Stellenausschreibung bereits auf die gewünschte Berufserfahrung eingegangen. Bei Berufseinsteigern kann die fehlende Erfahrung durch Praktika etwas ausgeglichen werden. Praktika sind zwar ebenfalls eher dazu gestaltet, einen kleinen Einblick in das Berufsleben zu gewähren, sie können aber bereits als erste kleine Erfahrung dienen.

Praktika leiden immer noch unter dem Vorurteil, dass dort keinen sinnvollen Tätigkeiten nachgegangen, sondern nur Kaffee gekocht wird. Dieses Argument kann direkt entkräftet werden, indem nicht nur einfach das Praktikum, sondern auch die ausführenden Tätigkeiten erwähnt werden. Je nach Umfang und Art des Praktikums kann schon etwas Verantwortung übernommen werden und die Arbeit ist für die Stelle von Relevanz.

Wenn nur wenige Praktika absolviert wurden, dann ist es hilfreich, diese vollständig aufzuführen. Selbst wenn diese nicht mit der späteren Tätigkeit übereinstimmen, kann zumindest etwas Praxiserfahrung im Berufsalltag nachgewiesen werden. Besser ist es jedoch, wenn schon tiefgreifendere Einblicke in den Unternehmensalltag geworfen wurden. Wurden mehrere Praktika absolviert und der Lebenslauf ist bereits gut gefüllt, sollte eine Priorisierung vorgenommen werden. Es ist nicht mehr notwendig alle Praktika zu erwähnen und in den Lebenslauf zu integrieren. Hier sollte die Entscheidung zugunsten der Erfahrungen fallen, die eine Relevanz für die aktuelle Stelle haben.

Wenn noch keinerlei Berufserfahrung vorliegt, ersetzen die Praktika diese Kategorie. Damit wird die praktische Erfahrung direkt als erster Punkt im Lebenslauf erwähnt, selbst wenn diese im Studium gesammelt wurden und möglicherweise schon ein zwei Jahre her sind. Alternativ kann die Kategorie des Praktikums auch nach der Ausbildung erfolgen. Gänzlich ohne Berufserfahrung macht es sich allerdings besser, wenn die Praktika ganz oben stehen.

Die Personalverantwortlichen möchten möglichst viele Informationen aus der Praktikumstätigkeit gewinnen. Daher wird zunächst angegeben, in welchem Zeitraum das Praktikum stattgefunden hat und wie lange dieses ging. Um einen besseren Überblick vom Arbeitsalltag zu erlangen, sind die Tätigkeiten mit aufzuführen. Wer es für die Stellenausschreibung als relevant erachtet, kann in diesem Zusammenhang auch beschreiben, welchen Einfluss die eigene Arbeit hatte. Wurden vielleicht unter der eigenen Mithilfe Projekte abgeschlossen oder zumindest vorangetrieben? Auch Fähigkeiten, die während dieser Tätigkeit erworben wurden, sollten erwähnt werden. So kann zum Beispiel beschrieben werden, dass während des gesamten Ablaufes ein enge Zusammenarbeit im Team vorhanden war.

Im Lebenslauf sollte das Praktikum also nicht einfach nur als Randerscheinung vernachlässigt werden. Es hat nichts in der Kategorie "Sonstiges" am Ende der Seite zu suchen, sondern sollte in einem eigenen Feld beschrieben werden. Wurde noch keine Berufserfahrung gesammelt, gehören die Praktika an den Anfang des Werdegangs.

Fremdsprachenkenntnisse

Unternehmen sind immer mehr international vernetzt. Gerade Großkonzerne leben vom internationalen Kontakt und innerhalb der EU wird die wirtschaftliche Zusammenarbeit stark erleichtert. Daher ist es mittlerweile fast als Voraussetzung zu sehen, dass zumindest Englisch auf einem Mindest-Niveau gesprochen wird. Doch wie genau werden die eigenen Fähigkeiten eingestuft und worauf muss dabei geachtet werden?

Fremdsprachen gelten als Pluspunkt, gerade in großen Unternehmen. Englischkenntnisse gehören hierbei zu den grundlegenden Fremdsprachenkenntnissen über die ein Bewerber verfügen sollte. In Deutschland sollte eigentlich jeder Schüler über Englischkenntnisse verfügen, da es als Pflichtfach in der Schule gilt. Dennoch bestehen natürlich Unterschiede in der Länge und Intensität des Englischunterrichts. Dadurch können sich Unterschiede im Leistungsniveau ergeben.

Für den Personalverantwortlichen ist es unwichtig, wie lange eine Sprache in der Schule erlernt wurde oder ob vielleicht ein Sprachkurs über einen gewissen Zeitraum belegt wurde. Wichtig ist nur, wie das tatsächliche Niveau der Sprache ist. Schließlich zählt nur dieses in der Praxis und talentierte Bewerber können schon innerhalb kürzester Zeit über ein außerordentlich gutes Sprachniveau verfügen.

In der Stellenausschreibung kann bereits ein Hinweis erfolgen, dass eine bestimmte Fremdsprache als Voraussetzung angesehen wird. Englisch gilt hierbei als eines der führenden Beispiele. Des Weiteren gibt es aber auch genügend Unternehmen, die außerhalb der EU agieren. Wer über Russisch- oder Spanischkenntnisse verfügt kann ebenfalls mit Vorteilen rechnen. Mit Formulierungen wie: "gute bis sehr gute Kenntnisse in Deutsch und Englisch" oder "Ihre guten Englischkenntnisse in Wort und Schrift haben Sie bereits erfolgreich unter Beweis gestellt" bieten die Unternehmen einen guten Eindruck darüber, welches Sprachniveau gefordert wird. Bei diesen beiden Beispielen wird die Sprache übrigens als zwingende Voraussetzung für die Bewerbung erwartet. Wer diese Kenntnisse nicht mitbringt, wird wahrscheinlich sehr geringe Chancen haben, im weiteren Bewerbungsprozess berücksichtigt zu werden. Gründe für die Sprachkenntnisse liegen meist in der Kommunikation mit Kunden oder Vertriebspartnern. Wer nicht sicher im Umgang mit der Fremdsprache ist, wird im Berufsalltag wahrscheinlich große Probleme erhalten.

Anders sieht es aus, wenn in der Stellenanzeige die Sprachkenntnisse im Konjunktiv formuliert werden. Dies könnte zum Beispiel wie folgt lauten: "Japanisch- oder Russischkenntnisse wären von Vorteil". In diesem Fall werden die Fremdsprachenkenntnisse nicht als zwingend vorausgesetzt. Falls diese aber vorhanden sind, sollten sie in jedem Fall angegeben werden.

Das eigene Sprachniveau muss eingeschätzt werden, um dem Personalverantwortlichen die Kompetenzen näherzubringen. Hierzu haben sich verschiedene Kategorisierungen herausgebildet.

Das niedrigste Niveau sind die Grundkenntnisse. Wer über Grundkenntnisse verfügt, beherrscht zumindest die einfachsten Regeln, wenn es um Schrift und Sprache geht. In diesem Bereich sollte es möglich sein, sich selber vorzustellen. Einfache Sätze, die zum Beispiel im Urlaub nützlich sein könnten, sollten ebenfalls formuliert werden können. Einem langsamen Gespräch zu folgen, sollte mit Grundkenntnissen in gewisser Weise auch möglich sein. Dieses Niveau trifft wahrscheinlich auf die meisten Bewerber zu, die Sprachen nur in der Schule gelernt haben, aber weder ein Interesse, noch die Möglichkeit hatten, diese intensiver anzuwenden.

Gute Fremdsprachenkenntnisse liegen vor, wenn gewöhnliche Unterhaltungen geführt werden können. Im Schriftverkehr werden bei guten Fremdsprachenkenntnissen noch einige Fehler zugestanden. Wer also vor allem über E-Mails mit den Kunden kommuniziert, sollte mit diesem Niveau etwas vorsichtig sein. Werden in der Stellenausschreibung Englischkenntnisse, zum Beispiel für eine Stelle im Vertrieb, gefordert, ist damit meist ein sehr gutes Sprachniveau gemeint.

Auf dem sehr guten Niveau können sowohl komplexere Gespräche, als auch hochwertige Texte verfasst werden. Dies bezieht in den meisten Fällen auch ein, dass das gängige Vokabular der Branche bekannt ist. Bei der nächsten Steigerung, dem "verhandlungssicheren" Niveau, werden diese komplexen Kenntnisse vorausgesetzt. In der Regel trifft dieses Niveau auf Personen zu, die für längere Zeit im Ausland gelebt haben und dort die Sprache praktisch anwenden konnten.

Das Niveau der Muttersprache sollte tatsächlich nur von Personen verwendet werden, die mit dieser Sprache aufgewachsen sind. Wird das eigene Niveau, zum Beispiel durch einen mehrjährigen Aufenthalt im Ausland, so bewertet, dass es der Muttersprache nahekommt, sollte eine Formulierung wie "muttersprachliches Niveau" verwendet werden. Dadurch wird angezeigt, dass langjährige Erfahrungen in dieser Sprache vorhanden sind, aber diese nicht als Muttersprache gilt.

Wer die Sprache in Form von Lehrgängen erlernt hat, kann dieses Niveau angeben. Die Niveaus wurden in Europa standardisiert und sollten daher von den Personalverantwortlichen verstanden werden. Die Niveaus reichen von A1, also dem

Anfänger, bis C2, einem Sprachniveau, welches fast einem Muttersprachler gleicht.

Wird die Fremdsprache als absolute Voraussetzung angesehen und gehört zur Kernkompetenz, was zum Beispiel im Hotelgewerbe, oft der Fall sein kann, dann sollten diese Fähigkeiten auch im Anschreiben erwähnt werden. Dort kann noch in einem Satz beschrieben werden, auf welche Weise die Fremdsprachenkenntnisse erlangt wurden. Ein Auslandssemester oder ein längerer Aufenthalt verleihen der Selbsteinschätzung etwas mehr Nachdruck.

Welchen Einfluss die Interessen haben

Damit die Personalverantwortlichen einen besseren Eindruck über den Bewerber erhalten, werden die Interessen als zusätzliche Merkmale in den Lebenslauf eingebracht. Manche Interessen sollten jedoch im Lebenslauf lieber nicht genannt werden, da diese mit negativen Eigenschaften assoziiert werden könnten. Andere Hobbys wiederum, können sich positiv auf die Bewerbung auswirken. Denn mit diesen Freizeitaktivitäten werden verschiedene Botschaften vermittelt, die Rückschlüsse auf die eigene Persönlichkeit zulassen sollen.

Ein Trugschluss ist, dass Interessen von den Personalmitarbeitern als unwichtig erachtet werden. Zwar gibt es mit Sicherheit wichtigere Merkmale innerhalb des Lebenslaufes, wenn es aber an die Details geht, kommen auch die Freizeitaktivitäten zum Tragen und können das Gesamtbild des Bewerbers abrunden. Sie vermitteln, ähnlich wie das Bewerbungsfoto, einen persönlichen Eindruck und können mitunter auch bestimmte Kompetenzen anzeigen. Es kommt aber darauf an, welche Interessen angegeben werden.

Wer in der Freizeit gerne Extremsportarten nachgeht, mag dabei zwar seine persönliche Erfüllung finden, für den Beruf mag dies allerdings mit negativen Eigenschaften verknüpft sein. So könnte dies bedeuten, dass eine hohe Risikobereitschaft besteht und womöglich der Urlaub mit Krankentagen verbunden sein kann. Wer also das Fallschirmspringen, Höhlentauchen oder einen Motorsport betreibt, wird durchaus als Risikofaktor betrachtet. Stehen diese Aktivitäten im starken Widerspruch mit der Tätigkeit, zum Beispiel, weil es sich eher um eine gewöhnliche Stelle in der Buchhaltung handelt, muss man sich den Vorwurf gefallen lassen, ob der Beruf nicht zu langweilig werde. Mit diesem Vorwurf wird bereits angedeutet, ob die Stelle denn überhaupt mit der notwendigen Konzentration ausgeführt werden würde und sich als Folge nicht Fehler einschleichen.

Auf der anderen Seite gelten passive Freizeitbeschäftigungen als langweilig und tragen nicht gerade zu einer spannenden Persönlichkeit bei. Hierzu werden etwa das Fernsehen oder der Kinobesuch gezählt. Möglicherweise könnte diesen Personen auch unterstellt werden, dass sie sich in sozialen Situationen unwohl fühlen würden. Computerspiele sind ebenfalls noch mit einem negativen Stigma verbunden. Auch wenn die Akzeptanz und die soziale Interaktion innerhalb der Spiele steigt, wird diese Angabe teilweise immer noch mit negativen Eigenschaften assoziiert.

Interessen, die im Zusammenhang mit dem Beruf oder der Branche stehen, werden gerne gesehen und zeigen, dass es sich dabei um eine Herzensangelegenheit handelt. Somit kann die

Angabe des Motorsports doch sinnvoll sein, wenn der Beruf in der Automobilbranche angesiedelt ist. Wichtig ist jedoch, dass keine Interessen frei erfunden werden. Die Interessen werden gerne in Vorstellungsgesprächen als Gesprächseinstieg genutzt, um die Nervosität zu nehmen. Verfolgt das Gegenüber die gleichen Interessen fällt dieser Schwindel schnell auf und erweckt einen überaus negativen Eindruck.

Als allgemein positiv werden Ehrenämter angesehen. Dies kann zum Beispiel die Tätigkeit als Trainer einer Jugendmannschaft im Sportverein sein oder die Hilfe in einer sozialen Einrichtung. Dadurch wird gezeigt, dass Bereitschaft vorhanden ist, Verantwortung zu übernehmen. Allerdings muss hierbei auch beachtet werden, dass diese Tätigkeiten mit einem hohen Aufwand verbunden sein können. Wer am Wochenende bei der Hobbymannschaft mithelfen muss, steht möglicherweise nicht für einen zusätzlichen Arbeitseinsatz zur Verfügung.

Im Lebenslauf sollten daher die eignen Interessen ehrlich angegeben werden. Hierbei müssen nicht sämtliche Aktivitäten, die mal kurz angeschnitten wurden erwähnt werden. Drei bis fünf Interessen sind vollkommen ausreichend, um einen besseren Gesamteindruck zu erhalten.

Die Bewerbung anonymisieren

Der Name oder das Bewerbungsfoto können beim Bewerbungsprozess bereits zum Ausschluss führen. Auch wenn kein Unternehmen diesen Fakt zugeben mag, teilweise wird dennoch eine diskriminierende Haltung eingenommen. Dies kann völlig unabsichtlich geschehen und schon im Unterbewusstsein ablaufen. Eine Möglichkeit dieser

Diskriminierung aus dem Weg zu gehen besteht in der Abgabe einer anonymisierten Bewerbung. Bei dieser wird auf das Foto und der Nennung des Namens verzichtet. Durch die Anonymisierung soll eine Chancengleichheit hergestellt werden. Allerdings ist auch diese Entscheidung der anonymen Bewerbung mit einigen Nachteilen verbunden.

Zunächst muss erwähnt werden, dass einige Personengruppen diskriminiert werden könnten. Dies betrifft eine junge Frau, die ja noch schwanger werden könnte, genauso wie einen älteren Mann, der nicht mehr als frische Arbeitskraft angesehen wird. Vorurteile beziehen sich also nicht nur auf ausländische Namen, sondern können ganz vielfältig sein. Daher sollte jeder Bewerber sich gut überlegen, ob nicht doch eine anonyme Abgabe sinnvoll sein könnte.

Bei der anonymen Bewerbung wird auf die Angabe des Namens, des Geburtsdatums, des Familienstandes, Geschlechts und Herkunft verzichtet. All dies sind Merkmale, die im Bewerbungsprozess mit einer Diskriminierung verbunden sein können. Erst mit der Einladung zum Vorstellungsgespräch wird die eigene Person vorgestellt. Zuvor haben aber nur die fachlichen Fähigkeiten dazu geführt, dass überhaupt eine Einladung stattfand.

Die anonyme Bewerbung ist in Deutschland wenig verbreitet. Um die Akzeptanz etwas zu steigern wurde ein Pilotprojekt durchgeführt, an dem große Unternehmen in Deutschland teilgenommen haben. Dazu gehörten im Jahr 2011 die Deutsche Telekom, Deutsche Post und Procter & Gamble. In diesem Zuge wurde eine sehr hohe Zahl an Bewerbungen komplett anonym ausgewertet.

Dennoch konnte sich das Projekt in der Praxis kaum durchsetzen. Weiterhin besteht eine hohe Skepsis gegenüber anonymen Bewerbungen, sodass diese Entscheidung mitunter kritisch betrachtet wird. Es wird der Eindruck erweckt, als ob etwas verheimlicht werden sollte. Im Gegensatz dazu sind im internationalen Bereich anonyme Bewerbungen der gängige Standard. Sie werden von den meisten Unternehmen sogar ausdrücklich verlangt.

So ist die Idee der anonymen Bewerbung grundsätzlich begrüßenswert. Besteht doch eine bessere Chancengleichheit und die fachlichen Kompetenzen werden als wichtiger eingeschätzt. Für Personalverantwortliche ist diese Bewerbung sogar mit einer höheren Effizienz verbunden. Werden doch einige Informationen weggelassen und müssen nicht zusätzlich ausgewertet werden.

Dennoch ist in den allermeisten Fällen in der Praxis von einer anonymen Bewerbung abzuraten. Diese ist in Deutschland mit einigen Bedenken verbunden und Arbeitgeber schätzen sehr, dass Sie vor dem Vorstellungsgespräch schon einen ersten Eindruck erhalten können. Für Berufseinsteiger ist die anonyme Bewerbung ebenfalls nicht zu empfehlen. Sie verfügen über kaum relevante Erfahrungen und können sich daher nur schwer auf fachlicher Ebene durchsetzen.

Persönliche Beschreibung

Wenn der Lebenslauf es zulässt, kann eine kleine persönliche Beschreibung eingefügt werden. Diese sieht ähnlich einer "über mich" Sektion aus. Dort kann in wenigen Zeilen die eigene Persönlichkeit näher gebracht werden. Diese Sektion bietet eine gute Möglichkeit, um den eigenen Charakter mit wenigen Worten zu beschreiben und gibt einen besseren Einblick in die Persönlichkeit.

In diesem Feld sollten vor allem Stärken beschrieben werden. Diese sollten vor allem so abgestimmt sein, dass sie zu der angestrebten Stelle passen. Es können aber auch allgemeine Leidenschaften aufgezählt werden. Nicht zu verwechseln ist dieser Bereich jedoch mit der Aufzählung der eigenen Hobbys.

Unterschiede des Curriculum Vitae, Lebenslauf und Resume

Bei der Stellenausschreibung muss genau darauf geachtet werden, welche Dokumente eigentlich verlangt werden. In den meisten Fällen werden standardmäßig das Anschreiben und der Lebenslauf gefordert. Manche Unternehmen bevorzugen allerdings anstelle des Lebenslaufes den Curriculum Vitae. Doch wie genau grenzt sich der CV vom üblichen Lebenslauf ab?

Übersetzt bedeutet der Begriff nichts Anderes, als Lebenslauf. Dennoch ist er in der Praxis nicht mit dem deutschen Lebenslauf gleichzusetzen. Gerade internationale Unternehmen und bei der Bewerbung für eine akademische Position, kann der CV verlangt werden.

Ein Hauptunterschied des CVs ist, dass dieser anonym gestaltet wird. Ein Bewerbungsfoto wird ebenfalls weggelassen, wie sämtliche persönlichen Angaben. Damit soll eine Diskriminierung des Bewerbers verhindert werden. Im Gegensatz zum Lebenslauf ist der CV etwas länger. Er kann ruhig auf zwei bis drei Seiten gestreckt werden. Als wichtiger Bestandteil sind jetzt Referenzen anzusehen.

Arbeitszeugnisse werden im englischsprachigen Ausland eher selten ausgestellt. Anstelle dieser treten die Referenzen. Im CV werden die Referenzen eingebracht.

Wichtig ist zudem, dass keine Unterschrift vorhanden sein sollte. Durch die Unterschrift könnte der Name ersichtlich werden, was im Gegensatz zur anonymen Bewerbung steht.

Aufgrund der etwas ausführlicheren Darstellung hebt sich der Inhalt und Aufbau ebenfalls vom gebräuchlichen Lebenslauf ab. Wichtiges Merkmal ist hierbei, dass die einzelnen Punkte des Lebenslaufes nicht nur tabellarisch dargestellt, sondern auch noch um einen Fließtext ergänzt werden. Dadurch werden mehr Informationen im CV dargestellt.

In den USA findet zudem noch eine Unterscheidung des Resumes statt. Hierbei handelt es sich um eine sehr kompakte Darstellung des Lebenslaufes. Das Resume ist auf eine Seite begrenzt und wird ebenfalls anonymisiert erstellt.

9 Wie mit einer Lücke im Lebenslauf umgehen

Für die meisten Menschen ist der berufliche Werdegang bereits vorbestimmt. Der reguläre Ablauf sieht so aus, dass nach Abschluss der Schule direkt eine Ausbildung oder das Studium begonnen wird. Insbesondere da die Pflicht zum Zivil- oder Bundeswehrdienst ausgesetzt wurde, wird den jungen Absolventen der direkte Einstieg in die nächste Phase der Weiterbildung nahegelegt. Nicht immer ist dieser Weg jedoch so zielstrebig erreichbar und so können sich aus beruflicher Sicht Lücken im Lebenslauf ergeben.

Diese können zum Beispiel darauf zurückzuführen sein, dass nach dem Abitur zunächst die Welt erkundet wurde. Zudem ist nicht jeder Absolvent in der glücklichen Lage, unverzüglich einen Ausbildungsplatz zu erhalten oder direkt das Studium zu beginnen. Während der Ausbildung oder des Studiums kann auch die Erkenntnis eintreten, dass der gewählte berufliche Weg nicht den eigenen Wünschen entspricht und vorzeitig beendet wird. Im Rahmen der Neuorientierung können ebenfalls Lücken entstehen.

Im Allgemeinen gilt der Grundsatz, dass Lücken als großes Manko im Lebenslauf gelten. Damit verbunden ist zum Beispiel die Einschätzung, dass der Bewerber nicht wüsste, welche Karriere er eigentlich verfolgen möchte und diese Unsicherheit drückt sich in der Lücke oder den kurzfristigen Beschäftigungen aus.

Doch wie bedeutsam ist eine Lücke im Lebenslauf eigentlich und wird diese direkt als Ausschlusskriterium herangezogen? Sollte also die lang ersehnte Auszeit nach dem Abitur lieber direkt mit dem Studium fortgesetzt werden, weil die Lücke ansonsten zu großen Einschränkungen im Bewerbungsprozess führen könnte?

Was ist eine Lücke im Lebenslauf

Zunächst muss erläutert werden, was eine Lücke im Lebenslauf eigentlich genau ist und welche Zeiträume davon erfasst werden. Manche Unterbrechungen lassen sich gar nicht vermeiden und werden daher nicht als Lücke aufgefasst und kommen keiner größeren Bedeutung zu.

Es ist völlig normal, dass im Anschluss an das Studium, sich eine Bewerbungsphase anschließt. Diese kann mitunter mehrere Monate dauern, bis endlich die passende Zusage erteilt wird. Bis zum ersten Arbeitstag vergeht ebenfalls noch etwas Zeit. So kann es vorkommen, dass der Arbeitgeber erst Kapazitäten schaffen muss, um die Einarbeitung zu ermöglichen. Eventuell wird hierbei erst eine besonders stressige saisonale Phase abgewartet, sodass der erste Arbeitstag erst in zwei Monaten beginnt.

Diese Lücke sollte mit keinerlei Einschränkungen im Bewerbungsprozess verbunden sein. Es ist vollkommen plausibel, dass zwischen dem Abschluss des Studiums und dem ersten Arbeitstag etwas Zeit vergeht. Als Lücke im Lebenslauf werden daher nur Zeiträume bezeichnet, die länger als einen oder zwei Monate andauern und nicht erklärt werden können. Im Falle des Abschlusses ist die Begründung der Bewerbungsphase plausibel und wird deshalb nicht unbedingt als Lücke aufgefasst. Ein Urlaub oder eine längere Reise, um nach den anstrengen Prüfungen zunächst etwas zu entspannen, wird jedoch als Lücke betrachtet. Während dieser Zeit wird keinerlei beruflichen Verpflichtungen nachgegangen.

Als Lücke werden nur Zeiträume betrachtet, die nicht mit einer dauerhaften Beschäftigung, dem Studium, der Ausbildung oder einem Praktikum erklärt werden können. Ein kurzer Bewerbungszeitraum nach einem Abschluss der Schule oder des Studiums wird ebenfalls als unkritisch betrachtet.

Alle anderen Zeiträume, die nicht mit diesen Tätigkeiten erklärt werden, können jedoch zu gezielteren Nachfragen bei den Personalverantwortlichen führen. Diese möchten genauer erfahren, worauf diese Lücke beruht und welche Motivation dahintergesteckt hat. Wer hier keine passende Antwort liefern kann, wirkt wenig zielstrebig und mitunter wird auch eine fehlende Arbeitsmoral unterstellt. Daher sollte im Vorfeld schon eine gute Erklärung für die Lücke vorhanden sein. Wenn diese zudem erst kürzlich zurückliegt, wird diese mit Sicherheit ein Gesprächsthema sein.

Wie stellt sich die Lücke im Lebenslauf dar

Um eine Lücke zu kaschieren, können verschiedene Strategien angewandt werden. Üblicherweise werden die Tätigkeiten mit Monatsangaben im Lebenslauf erwähnt. So wird direkt ersichtlich, in welchen Monaten die Tätigkeit stattgefunden hat und ob eine Unterbrechung von ein oder zwei Monaten vorhanden war.

Nun könnte die Idee folgen, dass mit einer etwas ungenauen Zeitangabe die Lücke nicht so sehr ins Gewicht fällt. Anstatt also die Zeiträume jeweils sehr genau mit Monatsangaben zu versehen, könnten auch einfach nur Jahresangaben erfolgen. So könnte zum Beispiel gesagt werden, dass ein Praktikum im Jahre 2013 erfolgt ist und im Jahr 2014 folgte dann die Festanstellung. Aus dieser Zeitangabe ist nicht direkt nachvollziehbar, ob die Beschäftigung lückenlos erfolgt ist.

Allerdings sind Personalverantwortliche bei einer Darstellung in dieser Art direkt sehr aufmerksam. Sie wissen in der Regel, dass ungenaue Jahresangaben nur dann genutzt werden, wenn eine Lücke kaschiert werden soll. Daher wird solchen Angaben direkt ein größeres Misstrauen entgegengebracht. Da der gesamte Werdegang auf die gleiche Weise dargestellt wird, könnte dies sogar dazu führen, dass

Personalverantwortliche eine Lücke vermuten, die in Wahrheit gar nicht aufgetreten ist. So könnte etwa der Verdacht bestehen, dass bei Änderungen der beruflichen Tätigkeit um den Jahreswechsel herum, größere Lücken entstanden sind, die nicht der Realität entsprechen.

Daher sollte auf eine ungenaue Darstellung, welche nur die Jahreszahlen, aber nicht die Monatsangaben beinhaltet, verzichtet werden. Von Personalverantwortlichen wird dieser Versuch sehr schnell entlarvt und weckt daher den Eindruck, als ob bestimmte Zeiträume im Lebenslauf verschleiert werden sollen.

Eine alternative Darstellung, die auch gerne genommen wird, ist die Angabe in Zeitdauern. Es wird also angegeben, wie lange eine Tätigkeit ausgeübt wurde, aber nicht in welchem Zeitraum dies stattfand. So könnte zum Beispiel angegeben werden, dass die Ausbildung über zwei Jahre ging und danach eine Anstellung folgte, die drei Jahre andauerte. Solch eine Darstellung weckt ebenfalls ein hohes Misstrauen und wird eher als negativ aufgenommen.

Wenn sichtbare Lücken im Lebenslauf vorhanden sind, sollten diese nicht etwa mit einer etwas eigenwilligen Darstellungsform versteckt werden. Dies wirkt unehrlich und führt zu gezielteren Nachfragen während des Vorstellungsgespräches. Besser ist es, wenn eine Transparenz über den beruflichen Werdegang erfolgt, selbst wenn dadurch Lücken erkennbar sind.

Mit der Lücke richtig umgehen

Die Verheimlichungstaktik führt also nicht zum gewünschten Erfolg. Es entsteht eher der Verdacht, dass etwas verborgen werden soll und dies wird sehr negativ aufgefasst und könnte zum Ausschluss im Bewerbungsverfahren führen. Eine Lücke im Lebenslauf muss jedoch nicht direkt mit der großen Angst verbunden sein, dass ein Personalverantwortliche von einer Einstellung absieht.

Sich eine kleine Auszeit nach dem Abitur zu gönnen, die Welt zu erkunden und andere Tätigkeiten auszuführen, ist keine Seltenheit mehr. Zum Teil wird dieses Vorgehen auch als positiv aufgenommen und trägt zur Bildung der Persönlichkeit bei. Daher sollte grundsätzlich mit der Lücke im Lebenslauf offen und ehrlich umgegangen werden. Wer hier bereits versucht dem Arbeitgeber etwas zu verheimlichen, wird später im Job als wenig glaubhaft wahrgenommen.

Auch von anderen Verschönerungsversuchen sollte abgesehen werden. Eine ausgedehnte Reise kann zwar den eigenen Horizont erweitern, sie sollte jedoch nicht als Bildungsreise oder ähnliches beschrieben werden. Dies wäre höchstens möglich, wenn die Reise in Verbindung mit einer Organisation und einem sozialen Projekt stünde. Auch die Zeit der Arbeitslosigkeit als intensive Zeit der Selbstfindung zu beschreiben, wirkt auf den potenziellen Arbeitgeber wenig glaubhaft. Besser ist es daher, wenn offen und ehrlich begründet wird, worauf die Lücke zurückzuführen ist. Personalverantwortliche kennen alle möglichen "Tricks" um den Lebenslauf aufzuhübschen und jeglicher Versuch der Verbesserung ist daher zu vermeiden.

Es gibt einige Begründungen, die von Personalverantwortliche ohne Weiteres akzeptiert werden und nachvollziehbar sind. Ein Studienwechsel ist zum Beispiel kein Grund zur

Panik. Wenn während des Studiums die Erkenntnis reift, dass ein anderes Studienfach eher den eigenen Interessen entspricht und daher die Entscheidung zugunsten des Wechsels fällt, wird dies nicht als Ausschlusskriterium gewertet. Im Gegenteil, es kann auch zeigen, dass nicht einfach ein Studium durchgezogen wurde, obwohl kein ernsthaftes Interesse daran bestand. Das eine Lücke beim Studienwechsel entsteht, ist keine Seltenheit. Gelten doch feste Fristen für den Beginn der Semester. Daher kann mit einem Studienwechsel glaubhaft versichert werden, dass es nicht etwa um ein Zugewinn an Freizeit ging, sondern eine reifliche Überlegung über die eigene Zukunft im Vordergrund stand.

Auch der Berufseinstieg wird als Lücke anerkannt. Natürlich ist es wünschenswert, wenn die erste Stelle so schnell wie möglich gefunden wird. Es kann jedoch vorkommen, dass vom Abschluss des Studiums bis zum Beginn mehrere Monate vergehen können. Personalverantwortliche räumen hierfür sogar eine Zeit von bis zu einem halben Jahr ein und werten diese nicht negativ. Solch eine lange Zeit sollte jedoch mit Praktika oder ähnlichen Tätigkeiten gefüllt werden. Ansonsten gilt der Berufseinstieg jedoch als sehr nachvollziehbare Lücke im Lebenslauf.

Neben den beruflichen Gründen können auch persönliche Ursachen für eine Lücke verantwortlich sein. Eine längere Krankheit oder die Pflege eines Familienmitgliedes gelten ebenfalls als nachvollziehbare Gründe, weshalb der berufliche Werdegang eine Lücke aufweist. Hierbei muss jedoch nicht im Detail genannt werden, welche Krankheit letztlich zu der Auszeit geführt hat oder welches Familienmitglied gepflegt wurde. Wer grundsätzlich kein Problem damit hat, dies offen zu kommunizieren, kann dies gerne tun, es ist jedoch weder eine Pflicht, noch wird dies vom Personalverantwortlichen erwartet. Wer seine Krankheit offen beschreibt, sollte jedoch davor gewarnt werden, dass dies genauer eingegrenzt wird. Denn für den Arbeitgeber könnte das Risiko bestehen, dass ein erneuter Ausfall wegen der Krankheit besteht und daher die Arbeitskraft nicht geleistet werden kann. Daher sollte die Begründung der Krankheitsphase damit abgeschlossen werden, dass eine vollständige Genesung erfolgte und die Einsatzkraft ohne Einschränkung verfügbar ist. Während der Zeit der Pflege ist es zudem hilfreich, wenn zumindest kleinere Nachweise über Weiterbildungen oder Ähnliches erbracht werden können. Mittlerweile gibt es eine Vielzahl von Online-Angeboten, die genutzt werden können, um einen Nachweis zu erhalten.

Wer bereits etwas länger im Berufsleben steht, wird unter Umständen auch damit konfrontiert werden dass eine kurze Phase der Arbeitslosigkeit überbrückt werden muss. Dies kann zum Beispiel der Fall sein, wenn ein Unternehmen wirtschaftlich stark angeschlagen war und daher kurzfristig Entlassungen folgten. Mittlerweile sind zudem sehr viele Arbeitsverträge zeitlich befristet. Hier nicht direkt eine Folgeanstellung zu finden ist keine Schande. Dauer der Zeitraum der Arbeitslosigkeit jedoch sehr lange, sollte zumindest nachgewiesen werden, welche Tätigkeiten dort ausgeführt wurden.

Den Zeitraum etwas positiver darstellen

Es gibt also einige Gründe, die für den Arbeitgeber nachvollziehbar sind und nicht als negativ aufgefasst werden. Dennoch gibt es bei der Bewerbung und dem Vorstellungsgespräch darum, seine Persönlichkeit so gut wie möglich zu verkaufen. Daher kann natürlich auch eine Lücke etwas positiver dargestellt werden. Nicht zu verwechseln ist dies jedoch mit dem sehr durchsichtigen Versuch, eine eher einfache Tätigkeit möglichst bedeutsam zu beschreiben.

Eine Kündigung ist sicherlich kein schönes Vorgehen und wohl jeder Arbeitnehmer möchte diese im Lebenslauf vermeiden. Manchmal tritt diese jedoch unverschuldet ein. Darauf kann im Werdegang hingewiesen werden. Ein kurzer Hinweis "Kündigung wegen Insolvenz", reicht vollkommen aus, um die Kündigung zu begründen. Die anschließende Lücke ist für den Personalverantwortlichen nachvollziehbar und wird in der Regel nicht weiter hinterfragt.

Anders sieht es jedoch aus, wenn die Kündigung selbstverschuldet wurde. Dies kann aus mehreren Gründen geschehen, die jedoch im Detail nicht begründet werden müssen. Besser ist es hier, im Lebenslauf einfach zu erwähnen, dass eine Kündigung erfolgte. Eine Begründung sollte nicht geliefert werden, da diese meist zu mehr Nachfragen führt und womöglich auch der Ex-Arbeitgeber kontaktiert wird. Insbesondere sollte davon abgesehen werden, dem Ex-Arbeitgeber oder den Kollegen einen Vorwurf zu machen. Wer zum Beispiel angibt, dass er den vorherigen Job gekündigt hat, weil er von Kollegen oder dem

Vorgesetzten gemobbt wurde, wird damit einen sehr schlechten Eindruck hinterlassen. Dies erweckt den Eindruck, dass die Schuld auf jemand Drittes geschoben und die eigene Verantwortung nicht akzeptiert wird.

Eine Zeit der Arbeitslosigkeit kann ebenfalls mit einer guten Begründung erklärt werden. Allerdings gilt auch hier, dass die Tätigkeiten nachgewiesen werden sollten und nicht einfach nur Behauptungen aufgestellt werden. Daher ist eine der besten Möglichkeiten, eine Lücke im Lebenslauf zu erklären, bereits im Vorfeld darauf zu achten, dass während des Zeitraumes Weiterbildungsmaßnahmen genutzt werden. Sprachkurse, Fortbildungen oder Praktika gelten als hervorragende Möglichkeiten, um eine Arbeitslosigkeit so auszugestalten, dass keine große Lücke entsteht. Neben der Fortbildung bleibt immer noch genügend Zeit, um Bewerbungen zu schreiben und sich neu zu orientieren. Dies kann ebenfalls im Lebenslauf erwähnt werden. Mit der Formulierung der beruflichen Neuorientierung, mit dem Ziel eine gewisse Position zu erreichen, wird ein gewisses Engagement unterstrichen. Dadurch entsteht etwa nicht der Eindruck, dass die Arbeitslosigkeit einfach nur mit ein paar Bewerbungen ausgefüllt und die meiste Zeit des Tages wenig sinnvoll genutzt wurde.

Wer über keine offiziellen Nachweise verfügt, sollte zumindest neue Fähigkeiten im Selbststudium erlernen. Dies kann zum Beispiel das Webseitendesign oder das Lesen von Fachbüchern sein. Auch ehrenamtliche Tätigkeiten und soziales Engagement werden gerne gesehen. Dadurch wird aufgezeigt, dass ein zielstrebiger Charakter vorliegt und die berufliche Neuorientierung nicht einfach nur als Ausrede genutzt wird, sondern tatsächlich stattgefunden hat.

Als Faustregel gilt bei der Lücke im Lebenslauf daher, dass diese ehrlich und offen begründet werden sollte. Sie ist heutzutage kein Ausschlusskriterium mehr und viele Personalverantwortliche haben Verständnis dafür, wenn im Anschluss an die Schule ein gewisser Zeitraum für die persönliche Entfaltung genutzt wird. Es kann sogar als negativ betrachtet werden, wenn keinerlei Zeit im Ausland verbracht wurde. Reisen gilt immerhin auch als förderlich für den Charakter und kann die Fremdsprachenkenntnisse erweitern.

Wichtig ist allerdings, dass keinerlei unbegründbare Lücken entstehen. Es sollte also keine Zeiträume geben, in denen nicht zumindest in irgendeiner Art und Weise einer Tätigkeit nachgegangen wurde, die mit der Karriere in Verbindung steht. Selbst wenn es nur ein kleines Selbststudium oder eine ehrenamtliche Tätigkeit ist. Wer während einer Lücke von mehreren Monaten nicht begründen kann, was außer dem Schreiben von Bewerbungen noch getan wurde, wird mitunter als weniger zielstrebig und strebsam wahrgenommen.

Allerdings gilt, dass Ehrlichkeit das einzige Rezept ist, um mit der Lücke umzugehen und nicht etwa Misstrauen zu wecken. Mit dem Baukasten der beigefügten Software können Sie den Lebenslauf so gestalten, dass dieser optimal zur Entfaltung kommt. Lücken fallen damit nicht so sehr ins Gewicht und die Erfolgswahrscheinlichkeiten für die angestrebte Stelle steigen.

10 Vorbereitung auf das Vorstellungsgespräch

Die erste Hürde ist genommen und von Unternehmensseite erfolgte die Einladung zum Vorstellungsgespräch. Damit ist schon mal klar, dass die formalen Anforderungen an die spätere Arbeitsstelle erfüllt wurden. Allen notwendigen Voraussetzungen wurde entsprochen, sodass jetzt andere Merkmale und Fähigkeiten im Vorstellungsgespräch abgefragt werden. Bei diesem Gespräch geht es vor allem darum, einen tiefergreifenden Eindruck über den Bewerber zu erhalten. Wichtig ist hier neben der fachlichen Kompetenz auch, ob die Persönlichkeit gut mit den Kollegen harmonieren würde. Wer zwar über hohe fachliche Fähigkeiten verfügt, sich aber nur schlecht in ein Team integrieren kann, wird in der modernen Arbeitswelt einige Probleme erhalten. Die Team-Arbeit wird ein immer größerer zentraler Aspekt und gerade die interdisziplinäre Arbeitsweise gewinnt an Bedeutung.

Um diese Anforderungen zu erfüllen, ist eine gute Vorbereitung wichtig. Während des Vorstellungsgespräches werden einige Fragen gestellt, die sich wiederholen und mit hoher Wahrscheinlichkeit vorkommen werden. Sich auf diese Fragen vorzubereiten kann bereits etwas Sicherheit verleihen und die Nervosität verringern. Das Vorstellungsgespräch folgt im Wesentlichen den gleichen Gesetzmäßigkeiten. Zwar ist jedes Unternehmen individuell und eine gezielte Vorbereitung sollte erfolgen, manche Abläufe gelten allerdings als Standard und können daher gezielt perfektioniert werden.

Eine gute Vorbereitung sorgt für ein besseres Gefühl während des Gespräches und ist mit höheren Erfolgschancen verbunden.

Der Ablauf des Vorstellungsgespräches

Gerade wenn noch wenig Erfahrungen in dem Führen eines Vorstellungsgespräches vorhanden sind, treten Fehler im gemeinsamen Umgang auf. Diese sind nicht unbedingt der eigenen Persönlichkeit, sondern vielmehr der Nervosität anzukreiden. Dazu gehört zum Beispiel, dass ohne Punkt und Komma einfach drauflosgeredet wird. Aber auch das Gegenteil kann der Fall sein, wenn vor lauter Aufregung die eigene Stimme versagt und gerade kein klarer Gedanke gefasst werden kann.

Diese häufigen Fehler können durch eine gute Gesprächsvorbereitung kompensiert werden. Dadurch kann die eigene Person viel besser verkauft werden und der Personalverantwortliche ist eher überzeugt. Der Ablauf des Vorstellungsgespräches folgt in den meisten Fällen einem festen Muster. Dies erlaubt es dem Gesprächspartner, die einzelnen Kandidaten besser zu vergleichen und gibt dem Gespräch generell eine bessere Struktur.

Begrüßung und Smalltalk

Wie jede Unterhaltung startet auch das Vorstellungsgespräch mit einer Begrüßung, gefolgt von etwas Smalltalk. Es gibt das berühmte Sprichwort, dass der erste Eindruck der Entscheidende sei und in der Forschung wurde belegt, dass innerhalb der ersten Sekunden schon eine Einschätzung abgegeben wird, ob das Gegenüber sympathisch ist. Daher sollte möglichst viel Wert auf den ersten Kontakt gelegt werden. Ist dieser eher mangelhaft und weniger überzeugend, kann dies zwar im Verlaufe des Gesprächs wieder ausgeglichen werden, aber es ist vergleichbar mit einem Fehlstart und dieser Rückstand muss erst aufgeholt werden.

Wichtig bei der Begrüßung ist eine ruhige und gelassene Ausstrahlung. Dies wird gerade Berufsanfängern schwerfallen, die bisher über wenig Erfahrung mit Vorstellungsgesprächen verfügen. Eine ruhige Ausstrahlung wird aber nicht nur als sympathischer wahrgenommen, sondern erscheint auch professioneller. Während des Anschreibens und des Lebenslaufes wird bereits ein hoher Wert darauf gelegt, dass möglichst ein selbstbewusstes Auftreten vermittelt wird. Ist der erste Eindruck nun ein völlig anderer, kann dies im Widerspruch mit den Bewerbungsunterlagen stehen.

Es sollte aber nicht die Angst bestehen, dass Nervosität vollkommen unangebracht sei. Jeder Personalverantwortliche wird Verständnis dafür zeigen, dass dies eine wichtige Situation ist und etwas Aufregung richtig einordnen können. Somit muss keine Angst bestehen, dass ein absolut perfekter und selbstsicherer Auftritt notwendig ist, um ein überzeugendes Gespräch abzuliefern. Diese perfektionistische Haltung führt eher zum Gegenteil und begünstigt die Angst noch.

Üblich bei der Begrüßung ist der Handschlag. Häufig besteht der Fehler hierbei, dass vor lauter Aufregung die eigene Hand dem Gesprächspartner zuerst entgegengestreckt wird. Dies wirkt allerdings zu forsch und gilt als unhöflich. Die Benimmregeln schreiben hier vor, dass zuerst der Gesprächspartner die Hand ausstreckt und diese "Einladung" zum Händedruck angenommen wird. Der Händedruck sollte weder zu stark, noch zu schwach sein. Weder soll die Hand zerquetscht werden, noch ist es angenehm eine praktisch leblose Hand zu schütteln. Wer nervös ist und daher unter leicht verschwitzten Händen leidet, sollte ein Tuch mit sich führen und die Hände vor dem Gespräch nochmal abtrocknen.

Beim Händeschütteln erfolgt schon die erste Bewährungsprobe. Der eigene Name sollte deutlich vermittelt werden und die Stimme selbstbewusst erklingen. Gleichzeitig wird der Augenkontakt gehalten und ein leichtes lächeln sorgt für einen positiven ersten Eindruck.

Dieser Ablauf mag auf den ersten Blick noch ziemlich leicht klingen. Wenn allerdings die reale Situation vor der Tür steht, kann es schnell passieren, dass kleine Details vergessen werden. Daher ist es zu empfehlen, gerade diesen ersten Kontakt einzuüben und sich ganz sicher zu sein, dass diese Punkte erfüllt werden.

Generell gilt hierbei, dass ein gesundes Selbstbewusstsein zum Ausdruck kommen sollte. Auf der anderen Seite sollte das Maß aber auch nicht überschritten werden. Wer sich zu selbstsicher gibt, wirkt eher unnatürlich und unsympathisch. Daher sollte keine Rolle gespielt werden, sondern die Persönlichkeit in diesem Moment von den eigenen Stärken überzeugt sein.

Wer unter einer starken Nervosität leidet, sollte sich bewusst sein, dass es beim Jobinterview nichts zu verlieren gibt. Offensichtlich sind die Personalverantwortlichen so von der Bewerbung, den Fähigkeiten und der Qualifikation überzeugt, dass diese das Potenzial zur Einstellung erkannt haben. Damit wurde schon ein Großteil der

Konkurrenz abgehangen. Es gibt also im Grunde nichts mehr zu verlieren.

Im Gegenteil, jedes Interview bietet die Chance zur Verbesserung und jede Erfahrung kann dazu genutzt werden, dass die nächste vergleichbare Situation besser gemeistert wird. Selbst wenn es also aktuell noch etwas dürftig sein könnte und die Nervosität deutlich zum Ausdruck kommt, sollte die Dankbarkeit Vorrang haben, dass die Möglichkeit zur Verbesserung wahrgenommen werden kann.

Mit diesem Grundgedanken wird das Vorstellungsgespräch ganz anders betrachtet. Wer sich selber so stark unter Druck setzt und glaubt, dass nur dieses Interview die einzige Chance für eine vielversprechende Zukunft bietet, wird mit diesem Stress nur schlecht umgehen können. Dies zeigt sich vor allem in der Gesprächsführung.

Das gegenseitige Kennenlernen

Nachdem die erste Hürde gemeistert wurde, geht es darum sich etwas besser kennenzulernen. Im ersten Schritt kann mit Smalltalk die teils angespannte Atmosphäre gelockert werden. Gerade erfahrene Personalverantwortliche werden einen großen Wert darauf legen, dass beide Gesprächspartner sich wohl in der Situation fühlen. Häufig werden hierzu Fragen zu Hobbys gestellt, damit eine erste kleine Gewöhnung aneinander erfolgen kann.

Nachdem die erste Phase abgeschlossen wurde, geht es jedoch zum wichtigen Part über. Nun soll die eigene Persönlichkeit präsentiert werden. Was bereits schriftlich erfolgte, soll nun noch mündlich dem Gesprächspartner dargelegt werden. Allerdings sollte hierbei davon ausgegangen werden, dass die Personalverantwortlichen die eigenen Unterlagen kennen. Es ist hier jetzt also nicht die Aufgabe, den Lebenslauf mit all seinen Daten auf gleiche Weise zu erzählen. Es geht vielmehr darum, die eigenen Stärken zu erwähnen und weshalb die Bewerbung erfolgt ist.

In vielen Fällen sollen daher Informationen geliefert werden, die sich bisher noch nicht aus dem Lebenslauf ergaben. Es wird häufig auf einzelne Stationen des Werdegangs eingegangen und diese sollen etwas ausführlicher dargestellt werden. Der tabellarische Lebenslauf sieht lediglich eine Nennung der Station vor, ohne jedoch näher ins Detail zu gehen. Hier setzen viele Personalverantwortliche an und möchten näher erfahren, welche Tätigkeiten durchgeführt wurden und welche Fähigkeiten für die Durchführung notwendig waren. Dadurch wird ein persönlicheres Bild gezeichnet.

Vorstellung des Unternehmens und der Stelle

Auf der anderen Seite wird auch dem Gesprächspartner die Möglichkeit gegeben, das Unternehmen näher vorzustellen. Dadurch ergibt sich ein genauerer Einblick in den Arbeitsalltag und es kann beschrieben werden, mit welchen Anforderungen die Stelle eigentlich verbunden ist.

Dies stellt eher den passiven Teil des Gespräches dar und hier geht es vor allem darum, gut zuzuhören und die Informationen aufzunehmen. Es sollte für den Gesprächspartner nicht der Eindruck entstehen, dass die eigenen Gedanken gerade abschweifen und vollkommen woanders sind. Wurde eine gründliche Vorbereitung durchgeführt, werden die meisten Informationen wahrscheinlich nicht mehr neu sein. Dennoch sollte durch ein gelegentliches

Zustimmen oder Nicken gezeigt werden, dass die volle Aufmerksamkeit auf das Gespräch gelegt wird.

Plötzlich Fragen zu stellen und womöglich den Interviewpartner zu unterbrechen gilt jedoch als großer Fauxpas. Sollten Fragen auftauchen, ist hier etwas Geduld angesagt, denn die Möglichkeit diese Fragen zu stellen wird im Anschluss angeboten.

Die Details und Informationen sollten so gut wie möglich im Gedächtnis bleiben. Womöglich könnte der Personalverantwortliche im Laufe des Gespräches darauf nochmals eingehen und genauer prüfen, ob überhaupt die gesamten Informationen aufgenommen wurden.

Wer hier seine Gedanken schweifen lässt, kann im späteren Verlauf deutliche Probleme erhalten. Eventuell, weil eine Frage schon durch die Präsentation beantwortet wurde oder weil eine passende Antwort komplett fehlt. Auch wenn die Präsentationsphase keine große Hürde darstellen sollte, gilt es dennoch freundlich und aufmerksam dem Gespräch zu folgen.

Möglichkeiten der Fragestellung

Wurde von der Gegenseite die Präsentation abgeschlossen, besteht nun die Möglichkeit eigene Fragen zu stellen. Dies wird meistens mit dem Hinweis eingeleitet, ob denn noch Fragen bestünden. Dies ist eher als rhetorische Frage zu sehen. Vom Personalverantwortlichen wird förmlich verlangt, dass immer Fragen gestellt werden. Dies ist nicht Ausdruck einer peinlichen Unwissenheit, sondern verdeutlicht das Interesse an der späteren Stelle. Zudem ist es kaum möglich, dass während der Präsentation bereits alle möglichen Details, die für einen selber wichtig sein könnten, beantwortet wurden.

Mögliche Punkte, die zum Beispiel angesprochen werden könnten, wären die Urlaubsregelung und ob Zusatzleistungen angeboten werden. Vorsichtig sollte jedoch mit Fragen zum Gehalt umgegangen werden. Es ist sicherlich legitim, dass im ersten Vorstellungsgespräch danach gefragt wird, in welchem Bereich sich das Einstiegsgehalt bewegen würde. Folgt darauf jedoch eine Art erste Gehaltsverhandlung mit dem ausdrücklichen Wunsch doch etwas mehr zu verdienen, vermittelt dies den Eindruck, dass es hauptsächlich um das Geld gehen würde.

Es ist sicherlich nicht vermessen im Vorfeld das Gehalt zu verhandeln, wenn das Gefühl besteht, dass dieses nicht der Position und den eigenen Fähigkeiten entspricht. Das erste Vorstellungsgespräch ist für ein solches Detail aber noch nicht der richtige Zeitpunkt. Dieses sollte erst bei den folgenden Gesprächen thematisiert werden, wenn der Vertragsabschluss kurz bevorsteht.

So sollten also von der eigenen Seite immer Fragen gestellt werden. Diese sind aber hauptsächlich noch auf das Unternehmen und der späteren Position zu beziehen. Dadurch wird das ernsthafte Interesse verdeutlicht.

Der Abschluss des Gespräches

Nachdem alle Fragen von beiden Seiten vollumfänglich beantwortet wurden, wird das Gespräch beendet. Dies ist meist damit verbunden, dass mitgeteilt wird, wie das weitere Verfahren abläuft. Darunter fällt, dass eine erste Einschätzung gegeben wird, wann mit einer Rückmeldung zu rechnen sei. Wurde dies vom Gesprächspartner noch nicht mitgeteilt, sollte dies selber in Erfahrung gebracht und nachgefragt werden.

Die Frage, wann mit einer Antwort zu rechnen sei ist hierbei nicht unhöflich, sondern gehört zur üblichen Sprache eines Vorstellungsgespräches. Ebenfalls sollten Kontaktmöglichkeiten ausgetauscht werden. Im besten Fall wird eine Visitenkarte mitgegeben und durch den direkten Kontakt kann eher in Erfahrung gebracht werden, wie der aktuelle Stand der Bewerbung denn sei. Wer hier keinen direkten Kontakt herstellt, muss weiterhin die allgemeine Telefonnummer verwenden, die womöglich nicht direkt zum Verantwortlichen führt. Dies kann während des Bewerbungsprozesses etwas unangenehm sein und unprofessionell wirken. Daher sollte nach Möglichkeit immer die direkte Kontaktmöglichkeit in Erfahrung gebracht werden.

Die passende Körpersprache

Beim Vorstellungsgespräch soll die eigene Person so gut wie möglich verkauft werden. Zur Kommunikation gehört dabei nicht nur das gesprochene Wort, sondern auch die Körpersprache. Studien gehen sogar davon aus, dass ein überwiegender Teil der Kommunikation nonverbal stattfindet. Also alleine von der Körpersprache vermittelt wird. Daher sollte im Vorfeld genau das eigene Auftreten analysiert und auf mögliche Schwachstellen hin untersucht werden. Unterbewusst trägt die Körpersprache wesentlich dazu bei, ob dem Bewerber die notwendigen Kompetenzen zugetraut werden.

Die wenigsten Bewerber werden über die notwendigen schauspielerischen Fähigkeiten verfügen, dass sie ihre Gefühle und das gegenwärtige Befinden verstecken können. Mit einem Anzug zum Bewerbungsgespräch zu gehen stellt bereits für viele Personen eine eher ungewöhnliche Situation dar. Wer sich mit dieser Situation nur wenig anfreunden kann und der Anzug eher als Verkleidung wahrgenommen wird, drückt dies unterbewusst auch während des Gespräches aus. Dies trägt nicht gerade zu einem angenehmen Gespräch bei, sondern kann eher Stress auslösen.

Für die meisten Bewerbungsgespräche wird ein Anzug verlangt. Dieser sollte jedoch so angepasst sein, dass dieser gut sitzt und einen positiven Eindruck verleiht. Ist es ungewohnt einen Anzug zu tragen, kann dieser auch zu anderen Anlässen im Vorfeld angezogen werden. Dadurch findet schon eine erste kleine Gewöhnung statt und das Tragen des Anzuges wird nicht mehr als unangenehm empfunden. Im späteren Beruf kann es zudem ebenfalls der Fall sein, dass der Anzug zur üblichen Arbeitskleidung gehört. Daher sollte nicht signalisiert werden, dass das Tragen dieser Kleidung unangenehm ist.

Die Körpersprache ist entscheidend dafür, ob der Bewerber dem Gegenüber sympathisch erscheint oder als unsicher, bzw. unsympathisch gilt. Ein häufiger Fehler ist der fehlende Blickkontakt. Wer nicht in der Lage ist seinem Gesprächspartner in die Augen zu schauen, wird als zu schüchtern und wenig selbstbewusst wahrgenommen. Mitunter könnte damit auch eine Verbindung hergestellt werden, dass etwas verborgen bleiben soll. Daher gilt, dass während der direkten Ansprache der Blickkontakt aufrecht erhalten bleibt. Dies sollte allerdings nicht in einem Anstarren ausarten. Es ist vollkommen ausreichend, wenn der Blick kurz gehalten wird und danach etwa zur Seite abschweift. Dies vermittelt das Gefühl, dass dem Gespräch aufmerksam gefolgt wird, ohne jedoch eine Bedrohung darzustellen.

Damit der Blickkontakt gleich viel freundlicher aufgenommen wird, bricht ein dezentes Lächeln die angespannte Atmosphäre. Das Lächeln lockert das Gespräch auf und signalisiert eine freundliche Haltung. Natürlich sollte auch hier nicht übertrieben werden. Empfehlenswert ist es, wenn die Mimik sich der Situation anpasst und von freundlich bis zu einem leichten Lächeln abgewechselt wird. Dadurch wird eine lockere Körpersprache vermittelt, die der Situation angepasst ist.

Nervosität kann bei vielen Personen zu unbewussten Bewegungen führen. Dies kann etwa das Wippen mit dem Bein sein oder das mit den Händen sehr aufgeregt gestikuliert wird. Dies stellt keine angenehme Verhaltensweise dar und wird als unangenehm aufgenommen. Die angespannte Stimmung überträgt sich auf den Gesprächspartner, was als störend empfunden wird.

Die Körpersprache und das Auftreten sind nicht erst entscheidend, wenn der Personalverantwortliche getroffen wird. Auch das Verhalten gegenüber der Empfangsdame oder den anderen Kollegen ist wichtig. Teilweise wird hier genau nachgefragt, wie das Verhalten war und ob stets eine freundliche Haltung eingenommen wurde. Wer sich etwa unfreundlich oder patzig beim Empfang verhält, sollte im Hinterkopf behalten, dass dieses Verhalten an den Personalverantwortlichen weitergegeben wird. Durch solch ein undurchdachtes Auftreten kann bereits sehr viel Kredit beim Vorstellungsgespräch verspielt werden.

Schwierig kann die Situation sein, wenn mehrere Personen am Vorstellungsgespräch beteiligt sind.

Hier sollte mit allen Gesprächspartnern ein Blickkontakt aufgebaut werden. Sich starr auf eine Person zu konzentrieren, könnte dazu führen, dass die anderen Beteiligten sich ausgegrenzt fühlen. Der Wechsel des Blickkontaktes sollte aber auch nicht zu hektisch verlaufen.

Die Körpersprache nimmt einen wesentlichen Einfluss auf die Kommunikation und wird als entscheidender Faktor wahrgenommen, ob eine Person sympathisch und freundlich erscheint. Am besten ist es, wenn die Körpersprache vor einem Spiegel geübt wird. So kann genau nachvollzogen werden, wie das dezente Lächeln tatsächlich ausschaut und ob es nicht zu künstlich ist. Wer etwas mehr Aufwand betreiben möchte, kann das Vorstellungsgespräch auch nachstellen und filmen. Im Nachgang ist eine genaue Analyse der Körpersprache möglich und es kann gezielt eine Verbesserung vorgenommen werden.

Generell gilt, dass eine ruhige, aber starke Körpersprache eingenommen werden sollte. Diese sollte nicht künstlich im Gespräch vermittelt werden, sondern am besten dem eigenen Gemütszustand entspringen. Durch das Durchspielen des Bewerbungsgespräches und einer gezielten Vorbereitung kann die Körpersprache bereits auf natürliche Weise verbessert werden.

Bewerbungsunterlagen

Üblicherweise werden die Personalverantwortlichen die Unterlagen des Bewerbers gut studiert haben, um sich auf das Vorstellungsgespräch vorzubereiten. Nicht immer läuft dies jedoch reibungsfrei ab. Durch die Vielzahl an Gesprächen, die an einem Tag durchgeführt werden, kann es schnell vorkommen, dass Unterlagen durcheinander geraten oder nicht dem richtigen Bewerber zugeordnet werden. Auch den Überblick über die Terminreihenfolge zu behalten ist nicht immer einfach, wenn es kurzfristig mal zu Verschiebungen kommt. Daher kann es durchaus vorkommen, dass die Personalverantwortlichen nicht die korrekten Bewerbungsunterlagen vor sich haben.

Das ist natürlich ärgerlich, aber auch dagegen sollten Vorbereitungen getroffen werden. Daher sollte die Bewerbung vor dem Bewerbungsgespräch nochmals ausgedruckt werden, damit eine Kopie vorhanden ist. Der Vorteil liegt hierbei darin, dass zum einen, die Bewerbung selber nochmal durchgegangen werden kann und das zum anderen, eine Kopie vorhanden ist, die ausgehändigt werden kann. Anstatt sich also darüber zu ärgern, dass anscheinend mit den eigenen Bewerbungsunterlagen nicht sorgsam umgegangen wird, kann hier schon der erste Pluspunkt gesammelt werden.

Durch das Überreichen der Unterlagen wird eine gründliche Vorbereitung offenbart und gezeigt, dass selbst solche Fehler kein Hindernis darstellen. Werden die Kopien nicht benötigt, sollten diese einfach in der Tasche verbleiben. Diese demonstrativ vor sich auszubreiten könnte etwas merkwürdig und fehl am Platz wirken.

Welcher Dresscode wird verlangt

Ein weiterer wichtiger Punkt, der wesentlich für die Vorbereitung hinsichtlich des Vorstellungsgespräches ist, ist die passende Kleidung. Wer bereits mit einer völlig unpassenden Garderobe zum Vorstellungsgespräch erscheint, erweckt den Eindruck falsche Erwartungen an das

Unternehmen und die spätere Stelle zu haben. Eine einheitliche Antwort, wie jetzt die passende Kleidung für das Vorstellungsgespräch aussieht, gibt es aber nicht. Dies hängt vor allem von der Branche und dem Unternehmen ab. Auch die Unternehmensgröße und dessen Philosophie haben einen Einfluss darauf, welche Kleidung für das Vorstellungsgespräch erwartet wird. Dennoch gibt es ein paar grundlegende Tipps, die unabhängig davon, ob ein formaler Anzug oder ein legeres Hemd getragen werden, umgesetzt werden sollten.

Egal ob es eher lässig oder streng formal beim Vorstellungsgespräch zugeht. Das Outfit und das eigene Erscheinungsbild sollten immer sauber und gepflegt sein. Dies bedeutet, dass das Hemd gebügelt, der Bart anständig getrimmt und die Schuhe sauber sind. Wer direkt mit dem Outfit signalisiert, dass er eher unordentlich ist, läuft schnell in Gefahr so eingeschätzt zu werden, dass die Arbeit später nicht zuverlässig ausgeführt wird.

Das Outfit sollte zudem dem eigenen Charakter angepasst sein. Selbst bei formaler Kleidung gibt es kleine Spielräume in der Auswahl. Wem ein schwarzer Anzug zu steif wirkt und sich damit komplett unwohl fühlt, kann auch zu einem Anthrazit greifen. Allerdings sollte das Outfit stets innerhalb der üblichen Kleiderordnung des Unternehmens liegen. Wer sich mit der Kleidung unwohl fühlt, wird bei dem Unternehmen wahrscheinlich ohnehin nicht glücklich werden.

Eine Möglichkeit in Erfahrung zu bringen welche Kleidung erwartet wird, ist der Blick auf die Unternehmensseite. Dort kann geschaut werden, auf welche Weise die Mitarbeiter sich kleiden und wie die generelle Umgangsform ist. Hierbei gilt, dass grundsätzlich eine etwas formellere Kleidung gewählt werden sollte, als im Vergleich zur späteren Arbeitskleidung. Treten die Mitarbeiter mit Hemd auf, ist ein Anzug beim Vorstellungsgespräch sicherlich nicht verkehrt. Wird hingegen eine sehr legere Kleidung getragen und sind T-Shirts erlaubt, kann es schon ausreichen eher "Business-Casual" aufzutreten. Also ein Hemd und eine Stoffhose sind für das Vorstellungsgespräch angemessen, aber ein kompletter Anzug könnte doch etwas vermessen sein und nicht zu dem Unternehmen passen.

Die Wahl der passenden Kleidung kann zudem von der Psychologie begründet werden. Es wurde herausgefunden, dass Menschen als sympathisch betrachtet werden, die einem selber etwas ähnlicher sind. Dies bezieht sich sowohl auf die Kleidung, als auch Wortwahl und Körpersprache. Die Wortwahl oder die Körpersprache dem Gegenüber anzupassen ist nicht unbedingt so einfach möglich. Mithilfe der passenden Kleidung kann allerdings auf relativ simple Weise schon der Grundstein dafür gelegt werden, dass die eigene Person als sympathischer betrachtet wird. Daher gilt es in jedem Fall die Frage des passenden Outfits nicht zu unterschätzen. Wer absolut keine Anhaltspunkte hat, welche Kleidung gefragt ist, kann auch beim Unternehmen nachfragen und dezent in Erfahrung bringen, welcher Dresscode vorherrscht oder erwartet wird.

Bei der Wahl des Outfits ist nicht unbedingt der Preis entscheidend. Die Personalverantwortlichen werden nicht darauf achten, wie teuer der Anzug war. Wichtig ist, dass der Schnitt der Kleidung gut gestaltet ist und zur eigenen Person passt.

11 Die Unterhaltung meistern

Mit der Einladung zum Vorstellungsgespräch wird bereits klar signalisiert, dass die persönlichen Fähigkeiten ausreichend sind, um die Stelle zu beginnen. Offensichtlich gibt es hinsichtlich der Qualifikation kein Ausschlusskriterium mehr und die Anforderungen wurden erfüllt. In einem persönlichen Gespräch soll nun näher untersucht werden, wie die eigene Person sich in das Unternehmen einfügen könnte und ob die Erwartungen beider Seiten tatsächlich übereinstimmen. Wichtige Fragen können ebenfalls noch geklärt werden und wenn das Gespräch für beide Seiten zufriedenstellend verlaufen ist, steht der Anstellung nichts mehr im Wege.

Doch das Vorstellungsgespräch ist auch eine sehr stressvolle Situation. Die eigene Person soll so gut wie möglich verkauft werden und innerhalb einer kurzen Zeitspanne soll ein sympathischer Eindruck vermittelt werden. Nicht jede Person ist von Hause so gut im Umgang mit Menschen, dass diese sofort von der eigenen Ausstrahlung überzeugt sind. Welche Möglichkeiten gibt es also, dass Vorstellungsgespräch zu meistern und sich möglichst selbstbewusst zu präsentieren?

In diesem Kapitel werden im Detail die einzelnen Phasen des Interviews besprochen und wie diese perfektioniert werden können. Denn oftmals können schon kleine Dinge den Unterschied ausmachen und während im vorherigen Kapitel es eher grob um den Ablauf des Gespräches ging, werden nun Feinheiten erläutert, die den Unterschied ausmachen können.

Diese Erwartungen werden an das Vorstellungsgespräch geknüpft

Die Vorstellungssituation ist sicherlich nicht zu unterschätzen. Unter Umständen handelt es sich um den eigenen Traumjob und es soll bloß nicht etwas Falsches gesagt werden oder ein unsympathischer Eindruck entstehen. Der hohe Druck, der durch die eigene Erwartungshaltung aufgebaut wird, ist jedoch nicht immer förderlich. Zudem ist die Angst, etwas Falsches zu sagen nicht wirklich begründet. Personalmitarbeiter können sicherlich damit leben, wenn auf eine Frage keine perfekte Antwort folgt. Sie schätzen es in der Regel mehr, wenn der Bewerber authentisch ist und nicht so rüberkommt, als wenn die Fragen bereits im Vorfeld einstudiert wurden.

Dennoch ist eine gute Vorbereitung wichtig, um zumindest die eigene Nervosität etwas mehr unter Kontrolle zu halten. Während des Gespräches werden die Personalmitarbeiter Fragen stellen, bei denen es nicht darum geht, dass diese fachlich perfekt beantwortet werden. Vielmehr versuchen diese, eine besonders stressvolle Situation aufzubauen und möchten herausfinden, welche Reaktion auf solch eine stressvolle Phase erfolgt. Dabei geht es hauptsächlich darum, die Persönlichkeit zu testen und zu prüfen, ob eine gewisse Stressresistenz vorhanden ist. Es kommt also nicht unbedingt darauf an, was gesagt wird, sondern vor allem wie und ob die Situation weiterhin gemeistert wird oder eine Überforderung entsteht.

Ein Themengebiet, welches im Vorstellungsgespräch abgefragt wird, sind die eigenen Kompetenzen.

Hierbei geht es aber nicht um die fachlichen Qualifikationen oder Voraussetzungen. Diese wurden bereits im Anschreiben sehr deutlich dargelegt und dank der Zeugnisse besteht bereits ein sehr guter Eindruck über die fachliche Eignung für den Beruf.

Im Bewerbungsgespräch werden nun Kompetenzen aus ganz anderen Gebieten abgefragt. Hierbei geht es vor allem um die Soft Skills, die für die moderne Arbeit eine immer höhere Bedeutung haben. Unter den Soft Skills wird die generelle Arbeitsweise verstanden und vor allem, wie die eigene Persönlichkeit zum Vorschein kommt. Ist eine hohe Lernbereitschaft vorhanden oder liegt eher der Eindruck vor, dass der Bewerber bereits der Meinung sei alles über das Thema zu wissen? Wer hier zu selbstbewusst auftritt und allein durch den Hochschulabschluss zu verstehen gibt, dass sämtliche fachlichen Kenntnisse vorhanden seien, könnte den Eindruck erwecken, nicht mehr lernbereit für die weiteren Herausforderungen zu sein. Heutzutage gilt mehr denn je, dass eine lebenslange Lernbereitschaft erforderlich ist, um sich den veränderten Arbeitsbedingungen der Berufswelt anzupassen.

Gleichzeitig soll auch erörtert werden, wie hoch die Leidenschaft für den Beruf ist. Sicherlich ist eine Motivation für die Ausübung des Jobs, dass damit der Lebensunterhalt gesichert werden muss. Nicht immer ist damit die Erfüllung des Lebenstraumes verbunden. Dennoch sollte eine gewisse Leidenschaft zum Vorschein kommen. Dies kann zum Beispiel durch private Interessen ausgedrückt werden oder immerhin dadurch, dass eine bestimmte Fokussierung der Ausrichtung in der Universität erfolgte.

Zudem werden grob die sozialen Kompetenzen abgefragt. Es gilt immer mehr, dass moderne Arbeitsplätze miteinander vernetzt sind. So ist nicht nur die Zusammenarbeit mit den Kollegen vor Ort, sondern praktisch auf der gesamten Welt wichtig, um die Aufgaben zu erfüllen. Gewisse soziale Kompetenzen sind mittlerweile also in jedem Beruf sehr gefragt. Im Sinne der Kompetenzen soll also erörtert werden, inwiefern der Bewerber den zukünftigen Herausforderungen gewachsen ist. Es geht hierbei nicht darum, bereits zu beweisen, dass man auf Anhieb alle Probleme lösen kann. Vielmehr wird erörtert, ob überhaupt die charakterlichen Voraussetzungen vorliegen, um die notwendigen Kompetenzen zu erlernen. Insbesondere die Stressresistenz ist hierbei ein sehr wichtiger Punkt.

Die soziale Kompetenz ist nur ein kleiner Aspekt aus den Kompetenzen, die in Bezug auf die Kollegen vorhanden sein sollten. Hierbei handelt es sich um Umgangsformen und ob zum Beispiel die notwendige Fremdsprache auch ausreichend beherrscht wird. Wichtig ist in modernen Unternehmen auch der Teamgeist. Dies bedeutet in vielen Fällen, wie gut sich ein neues Mitglied in ein bereits bestehendes Team integrieren kann. Hierbei ist es vorteilhaft, wenn der Wille da ist, sich anderen Teammitgliedern unterzuordnen und Anweisungen zu folgen. Der Teamleiter sollte nicht direkt herausgefordert werden, sondern bestimmte Anweisungen gilt es zu akzeptieren, selbst wenn diese der eigenen Meinung nach wenig sinnvoll erscheinen. Wer hier ausdrückt, gerne seine Meinung zu vertreten und womöglich Handlungen zu hinterfragen, könnte eher als störend empfunden werden. Sicherlich kann im Laufe der Jahre und mit der gewonnenen Berufserfahrung seine Meinung zu den Abläufen präsentiert werden. Von neuen Mitarbeitern wird aber in der Regel erwartet, dass diese sich in gewisser Weise unterordnen und bereit sind sich zu integrieren. So wird verhindert, dass potenzielle Störquellen in das Team aufgenommen werden.

Zu guter Letzt wird auch der eigene Mehrwert analysiert. Für das Unternehmen bedeutet die Einstellung eines neuen Mitarbeiters eine hohe Investition. Hierbei ist nicht nur das Gehalt zu betrachten, sondern auch die verminderte Produktivität, die während der Einarbeitungsphase zum Tragen kommen kann. Das Unternehmen ist nur darauf aus, Entscheidungen zu treffen, die wirtschaftlich nachvollziehbar und mit einem Profit verbunden sind. Daher wird im Gespräch zum Vorschein gebracht, welche Leistung dem Unternehmen überhaupt entgegengebracht werden kann. Wer in der Vergangenheit bereits bewiesen hat, dass ein Unternehmen oder eine Organisation in besonderer Weise von der eigenen Mitarbeit profitiert haben, kann in diesem Bereich eher vermitteln, dass die Anstellung wirtschaftlich nachvollziehbar ist.

Den Smalltalk perfektionieren

Das Vorstellungsgespräch beginnt mit der Phase des Smalltalks. Diese dauert nur wenige Minuten an und dient dazu, den ersten Kontakt herzustellen. Hier wird bereits die erste Kompetenz der sozialen Interaktion geprüft. Ist der Kandidat in der Lage die üblichen Benimmregeln zu befolgen oder erweist sich dieser als eher wenig überzeugend. Dazu gehört zum Beispiel der erste Händedruck, der vom Personalverantwortlichen initiiert wird und weder zu schwach, noch zu kräftig ausfallen sollte.

Die Bedeutung des Smalltalks wird in vielen Fällen unterschätzt. Natürlich gilt hierbei, dass inhaltlich keine bedeutenden Fragen gestellt werden. So wird vielleicht nur nachgefragt, ob die Anreise gut erfolgte und alles wie gewünscht geklappt hat. Diese Fragen sind aber schon ein erstes Abtasten, bei dem die sozialen Fähigkeiten untersucht werden sollen. Hierbei geht es vor allem um die erste Einschätzung, ob der Bewerber dem Personalverantwortlichen sympathisch ist oder ob eher eine Abneigung besteht. Mit bestimmten Verhaltensmustern kann die Sympathie besser zum Ausdruck gebracht werden. Dabei handelt es sich um klare Verhaltensweisen, die psychologisch untersucht und bewiesen wurden.

Menschen, die einem ähnlich erscheinen, werden oftmals als sympathischer wahrgenommen. Sie stellen eine geringere Bedrohung dar und werden eher mit Eigenschaften assoziiert, die als freundlich und sympathisch eingestuft werden. Diese Erkenntnis kann im Smalltalk genutzt werden, um einen besseren Eindruck zu erzielen.

Als Erstes kann Wert darauf gelegt werden, dass die eigene Körpersprache dem Gegenüber angepasst wird. Dies drückt sich etwa dadurch aus, wie offen die Körperhaltung und in welcher Weise diese generell ausgerichtet ist. Auch die Stimme ist Teil der Körpersprache und kann verdeutlichen, wie ähnlich sich zwei Personen sind. Das Sprechtempo und die Intonation können etwas angepasst werden. Allerdings gilt es hierbei, nicht einfach den Gesprächspartner zu kopieren. Die Anpassungen sollten nur dezent erfolgen und in keinem Widerspruch zu der eigenen Körpersprache stehen.

Zu der Gleichheit der Körpersprache gehört auch, dass diese dem Partner angepasst wird. Verändert dieser seine Haltung und war zunächst noch etwas zurückhaltend, was sich in einer eher geschlossenen Körpersprache geäußert hat und wird nun deutlich offener, sollte dies ebenfalls umgesetzt werden. Durch die gleiche Körperhaltung wird unterbewusst signalisiert, dass Bewerber und Gesprächspartner auf einer Welle liegen und sich gut verstehen. Werden jedoch Haltungen eingenommen, die sich klar widersprechen, also möchte eine Person eher offen sein, während die andere auf Distanz geht, wird dies als klarer Konflikt aufgefasst. Dies läuft alles im Unterbewusstsein ab und kann ein wichtiges psychologisches Mittel sein, um eine freundliche Haltung zu vermitteln.

Der erste Eindruck ist entscheidend. Oft fällt bereits während des Smalltalks die Entscheidung, ob der Kandidat für den späteren Arbeitsplatz geeignet sei, oder ob eine Überforderung stattfinden würde. Daher sollte besonders viel Wert auf die ersten fünf Minuten gelegt werden. Das nachfolgende Gespräch dient zum Teil einfach nur als Beleg, ob die erste Einschätzung korrekt war. Wird während des Smalltalks schon eine klare Tendenz zur Ablehnung deutlich, ist dieses im späteren Verlauf nur noch sehr schwer umkehrbar.

Häufige Fragen und die passenden Antworten

Nachdem der Smalltalk abgeschlossen wurde, wurde bereits eine heiße Phase des Gespräches überwunden. Hoffentlich wurde diese souverän gemeistert und mit der passenden Körperhaltung eine positive Ausstrahlung erzeugt. Im Anschluss an den Smalltalk findet die Selbstpräsentation und das Kennenlernen des Unternehmens statt. Mit gezielten Fragen versuchen die Personalverantwortlichen nun herauszufinden, ob der Charakter tatsächlich so belastbar ist, wie dies im Anschreiben anklang oder ob ein etwas höherer Stress direkt zum Versagen führt.

Mitunter könnte der Gesprächspartner auch versuchen herauszufinden, ob die Angaben im Lebenslauf und dem Anschreiben überhaupt der Wahrheit entsprechen. Teilweise versuchen Bewerber durch Übertreibungen die eigenen Fähigkeiten besonders stark hervorzuheben. Oder die Bedeutung der eigenen Person, zum Beispiel bei der Mitarbeit in einem Projekt, wird zu stark hervorgehoben und entspricht nicht der Realität. Durch detaillierte Fragen kann erörtert werden, ob die Angaben tatsächlich der Wahrheit entsprechen oder ob eine Übertreibung stattgefunden hat. Daher gilt es, dass das Anschreiben und der Lebenslauf schon so weit wie möglich der Wahrheit entsprechen sollte. Wurde hier etwas hinzugedichtet, ist die Wahrscheinlichkeit hoch, dass es im Interview auffällt und somit zur Ablehnung kommt.

Eine gute Vorbereitung ist hilfreich, um bestimmte Fragen zu beantworten, die in vielen Gesprächen gestellt werden. Um die Fragen souveräner zu beantworten, sollte verstanden werden, was überhaupt der Hintergrund dieser Fragen ist. Denn es geht nur selten darum, dass diese inhaltlich perfekt beantwortet werden.

Häufig wird die Frage nach der größten Schwäche gestellt. Bewerber, die Ihre Schwächen nicht offenbaren möchten, haben diese Frage häufig als Anreiz verstanden, eine Stärke als Schwäche zu formulieren. Also beispielsweise auszusagen, dass der eigene Ehrgeiz teilweise zu hoch sei. Mittlerweile durchschauen Personalverantwortliche solche Taktiken und sind davon gar nicht überzeugt. Dies wirft eher ein schlechtes Licht auf den Bewerber und erweckt den Eindruck, dass dieser wenig selbstbewusst mit seinen Schwächen umgehen kann und diese lieber verstecken möchte. Es könnte auch der Eindruck entstehen, dass dieser sich gar nicht im Klaren über seine Fähigkeiten ist.

Besser ist es, wenn diese Frage ehrlich beantwortet wird. Hierfür sollte allerdings nur eine Schwäche genannt werden, die keine große Relevanz in Bezug auf die spätere Arbeit hat. Ein normaler Angestellter kann zum Beispiel erwähnen, dass er zu wenig durchsetzungsfähig sei, daran aber arbeite und schon deutliche Fortschritte erkennt. Eine Führungskraft hingegen sollte eine fehlende Durchsetzungsfähigkeit nicht erwähnen. Dies gilt als eine Kernkompetenz und kann zum Ausschluss beim Bewerbungsverfahren führen. Es gilt also, dass eine persönliche Schwäche genannt wird, die kaum einen Einfluss auf die Arbeit nimmt und kein Ausschlusskriterium darstellt.

Die Zeiten in denen Mitarbeiter Zeit ihres Lebens nur in einem Unternehmen aktiv sind, sind schon lange vorbei. Für vorherige Generationen war es nicht ungewöhnlich nach der Ausbildung im Betrieb zu verbleiben und dort durchgängig bis zur Rente beschäftigt zu sein. Mittlerweile ist die Arbeitswelt viel flexibler. Es ist nicht selten, in regelmäßigen Abständen den Job zu wechseln. Daher ist die Frage nach dem Grund der häufigen Job-Wechsel nicht als Anschuldigung zu verstehen. Der Personalverantwortliche möchte sich nur vergewissern, dass diesmal die Voraussetzungen für eine langfristige Anstellung vorliegen.

Im Bewerbungsgespräch geht es auch darum, den Kandidaten aus der Reserve zu locken. Manche Fragen zielen daher eher darauf ab, dass diese nicht direkt beantwortet werden, sondern eher der eigene Charakter beschrieben wird. Eine solcher Fragen kann zum Beispiel sein, ob man eher stur oder flexibel sei. Hierbei gibt es keine klare Antwort darauf, ob etwa Sturheit oder Flexibilität beim Personalverantwortlichen besser ankommt. In gewissen Grenzen werden sowohl Sturheit, als auch Flexibilität im Beruf benötigt. Dies sollte auch bei der Antwort zum Ausdruck kommen und zum Beispiel so erwähnt werden, dass in bestimmtem Maße beide Verhaltensweisen vorhanden sind.

Auch wichtig für die Einschätzung des Bewerbers ist dessen Selbstreflexion. Hierbei soll genau aufgezeigt werden, wie der Bewerber seine Fähigkeiten selber einschätzt. Ein objektiver Blick hilft dabei, seine Stärken und Schwächen zu erkennen und diese in einem optimalen Ausmaß im Beruf anwenden zu können. Daher wird oft auch die Frage nach den eigenen Fähigkeiten gestellt. Dabei wird der Interviewpartner aber nicht direkt nach den Stärken und Schwächen fragen, sondern diese über eine Hintertür in Erfahrung bringen. Dies kann zum Beispiel über die Frage geschehen, worauf geachtet werden würde, wenn man selber verantwortlich für die Personalsituation sei. Also werden in gewisser Weise die Rollen getauscht und dadurch wird in Erfahrung gebracht, ob der Bewerber in der Lage ist, sich in andere Rollen hineinzuversetzen. Mit dieser Frage werden nicht nur die eigenen Fähigkeiten überprüft. Es wird auch abgetastet, ob dem Bewerber klar ist, welche Anforderungen an die Arbeitsstelle gestellt werden. So kann ein genauer Abgleich der Kompetenzen mit den Anforderungen durchgeführt werden. Der Gesprächspartner kann dann darauf eingehen, ob die Einschätzungen der

Kompetenzen der Realität entsprechen oder ob ganz andere Fähigkeiten verlangt werden.

Grundsätzliche Hinweise für die Interviewphase

Dies sind nur wenige Fragen, die jetzt detaillierter ausgeführt wurden. In vielen Vorstellungsgesprächen besteht ein Repertoire an Fragen, aus denen der Gesprächspartner die passenden Fragen wählt. Dazu gehört auch, dass es eher ungewöhnliche Fragen gibt, die völlig überraschend ist und keine Vorbereitung erlaubt. Daher gibt es einige Grundregeln, die bei der Beantwortung der Fragen beachtet werden sollten.

Nervosität während des Vorstellungsgespräches ist völlig normal. Sie kann allerdings dazu führen, dass ein völlig verzerrtes Zeitverständnis auftritt. Sekunden werden zu Stunden und eine kleine Redepause kommt unendlich lange vor. Deshalb ist es auch in dieser Ausnahmesituation wichtig, immer die Ruhe zu bewahren und nicht zu schnell mit der Antwort der Fragen zu beginnen. Es ist durchaus gestattet, sich eine kleine Bedenkzeit zu nehmen, um die Fragen zu beantworten und für den Gesprächspartner erscheint diese Pause nicht zu lange, sondern wird als üblich betrachtet. Eine kleine Bedenkpause kann zudem den Eindruck erwecken, dass die Antwort sehr viel überlegter ausfällt und daher eine bessere Basis hat. Wer immer so schnell wie möglich antwortet, könnte womöglich als unsicher aufgefasst werden.

Im Eifer des Gefechtes kann es vorkommen, dass eine Frage nicht verstanden wurde. Die Bitte, dass die Frage doch wiederholt werden möge, sollte nicht peinlich erscheinen. Es ist vollkommen in Ordnung nachzufragen, wenn im ersten Anlauf die Frage nicht verstanden wurde. Die Angst, dass die Nachfrage den Eindruck hinterlassen würde, dass man nicht dem Gespräch folgen könnte oder unaufmerksam sei, ist vollkommen unbegründet. Zudem ist die kurze Nachfrage wesentlich besser, als eine Antwort zu liefern, die mit der ursprünglichen Frage nur wenig gemeinsam hat und völlig unpassend erscheint.

Wie bereits angedeutet dienen manche Fragen einfach nur dazu, den Bewerber aus der Reserve zu locken. Die Fragen klingen bewusst sehr abwegig und könnten auf den ersten Blick gar nichts mit der Arbeitsstelle zu tun haben. Solche "Stressfragen" dienen hauptsächlich dazu, zu sehen wie mit einer Stresssituation umgegangen wird. Selbst bei völlig abwegigen Fragen sollte nicht unfreundlich geantwortet werden. Anstatt etwa patzig zu antworten und die Sinnhaftigkeit dieser Befragung anzuzweifeln, sollte sich darauf eingelassen werden. Daher sollte auch noch so jede abstruse Frage beantwortet werden. Wer etwas Humor beweist, kann hier sogar besonders gut punkten. Allerdings muss auch nicht jede Frage hingenommen werden. Persönliche Fragen, zum Beispiel ob eine Schwangerschaft vorliege oder geplant sei, müssen nicht wahrheitsgemäß beantwortet werden. Es ist hier vollkommen legitim entweder direkt mit einer Lüge zu antworten oder etwas auszuweichen.

Lockere und humorvolle Geschichten, die die eigenen Fähigkeiten unterstreichen werden von Gesprächspartnern gerne gesehen. Diese wirken spannend und lockern das Gespräch etwas auf. Anekdoten aus dem Studium oder dem Berufsleben können helfen, die eigenen Kompetenzen auf interessante Weise näherzubringen. Die Geschichte sollte jedoch möglichst kurz und knackig sein.

Niemand sucht einen Alleinunterhalter, der die ganze Zeit nur erzählt und nicht zum Punkt kommt.

Weshalb Rückfragen so wichtig sind

Am Ende des Gespräches besteht die Möglichkeit Rückfragen zu stellen. Diese Option sollte immer wahrgenommen werden. Eine ablehnende Haltung signalisiert fehlendes Interesse und kann zum Abschluss des Gespräches einen besonders schlechten Eindruck hinterlassen. Daher sollte diese Chance immer genutzt werden, alleine schon, um positiv im Gedächtnis zu bleiben. Gut ausgewählte Fragen zeigen, dass ein echtes Interesse besteht. Mit tiefgreifenden Fragen kann zudem belegt werden, dass eine gründliche Vorbereitung stattfand und das Gespräch wohlwollend aufgenommen wurde. Eine passende Frage zu stellen zeigt zudem auch, dass eine Grundintelligenz vorhanden ist und dass die Informationen des Gesprächs bereits verarbeitet werden konnten. Daher gilt immer die Devise, dass eigene Fragen zum Vorstellungsgespräch dazugehören.

Nicht alle Fragen erfüllen jedoch die Eigenschaften, dass sie intelligent und gut durchdacht wirken. Sie können eher dazu führen, dass die eigenen Chancen sich verschlechtern und das Gespräch mit einem negativen Gefühl beendet wird. Eine gut gemeinte, aber dennoch unangebrachte Frage besteht in der Nachfrage, was denn das Unternehmen genau mache. Auf den ersten Blick mag dies eine gut gemeinte und ehrliche Frage sein, mit der gleichzeitig auch etwas Interesse bekundet wird, allerdings sollte dieses Thema nicht Bestandteil des Bewerbungsgespräches sein. Es ist die Aufgabe des

Bewerbers, bereits vorab in Erfahrung zu bringen, welche Tätigkeiten das Unternehmen durchführt und auch wenn dies nicht immer so durchsichtig erscheint, sollte dies nicht im Bewerbungsgespräch gefragt werden. Besser ist es, wenn detailliert gefragt wird, welche Aufgaben mit der Stelle verbunden sind. Je nach Unternehmen können sich die gleichen Stellen stärker voneinander unterscheiden und daher ist hier das Nachfragen durchaus legitim insofern sich dies nicht schon aus dem Gespräch oder der Stellenbeschreibung ergibt.

Die Frage nach dem frühestmöglichen Urlaub sollte ebenfalls vermieden werden. Sicherlich ist es interessant zu wissen, wann der erste Urlaub genommen werden darf. Viele Unternehmen bestehen zumeist darauf, dass während der Probezeit noch kein Urlaub genommen wird. Dennoch ist diese Frage beim ersten Vorstellungsgespräch unangebracht. Sie vermittelt den Eindruck, dass nicht genügend Motivation vorhanden ist, um die Stelle langfristig auszuüben und dass der Urlaub kaum erwartet werden kann. Auf der anderen Seite ist die Frage nach den Urlaubstagen nachvollziehbar und kann gestellt werden, wenn ein besonderes Interesse vorliegt. Wer familiäre Verpflichtungen hat, ist eher daran interessiert etwas mehr Urlaubstage zu erhalten und diese Zeit mit den Kindern zu verbringen, als jemand, der noch ungebunden ist und gerade frisch von der Universität kommt.

Nichts Gutes lässt sich aus der Frage ableiten, ob die Internetnutzung oder das Diensthandy am Arbeitsplatz überwacht werden. Das Internet ist ständiger Bestandteil eines modernen Arbeitsplatzes und wenn es mal einen ruhigeren Tag gibt, kann das Internet auch für private Zwecke genutzt werden, insofern es die Arbeitsleistung nicht beeinträchtigt oder das Ansehen des Unternehmens schaden kann. Dennoch ist die Frage unangebracht und könnte andeuten, dass während der Arbeitszeit eher Wert darauf gelegt wird in den sozialen Netzwerken aktiv zu sein und mit Freunden Kontakt zu halten, anstatt der eigentlichen Arbeit nachzugehen. Dadurch lässt sich eine schwache Arbeitsmoral ableiten und ein fehlender Wille, die anfallenden Aufgaben zu bewältigen.

Wurde das Gespräch beendet fällt der Druck ab und die Neugier nach einer ersten Einschätzung ist groß. Daher lassen sich einige Bewerber dazu verleiten nachzufragen, wie hoch denn die eigenen Chancen seien und wie das Vorstellungsgespräch gelaufen sei. Diese Frage wird jedoch als sehr negativ aufgefasst. Sie deutet vor allem eine fehlende Geduld an und dies könnte auch auf die Arbeitsweise übertragen werden. Außerdem sollte den Personalverantwortlichen etwas Zeit zugestanden werden, bis diese Ihre Einschätzung abgeben können. Vorteilhafter ist es, am Ende danach zu fragen wie der weitere Auswahlprozess abläuft und wann mit einer Rückmeldung zu rechnen sei.

Die Nachbereitung des Gespräches

Das Vorstellungsgespräch ist mit der Verabschiedung noch nicht beendet. Jetzt geht es darum, den guten Eindruck, der hoffentlich während des Gespräches gewonnen werden konnte, zu festigen. Der erste und der letzte Eindruck werden als Wesentlich empfunden, wenn es um die weitere Einschätzung des Bewerbungsprozesses geht.

Hierzu gehört, dass der letzte Händedruck mit einem Lächeln stattfindet. Selbst wenn das Gespräch etwas anstrengend gewesen ist, sollte davon jetzt nichts mehr zu spüren sein. Zur Höflichkeit gehört auch, dass alle Anwesenden namentlich und persönlich verabschiedet werden. Auch wenn gewisse Personen im Bewerbungsgespräch etwas dominanter waren als andere, sollten diese nicht vergessen werden.

Jedes Vorstellungsgespräch kann als eine Übung angesehen werden, um die Chancen beim nächsten Mal zu erhöhen. Sicherlich gab es einige Punkte, die hätten besser laufen können. Mit einer gründlichen Nachbereitung gelingt die nächste Bewerbungssituation wahrscheinlich besser und kann erfolgreicher abgeschlossen werden. Im Nachgang ist es angebracht, die eigene Leistung kritisch zu hinterfragen. Wie überzeugend waren die Antworten und konnten die Personalverantwortlichen ein positives Fazit ziehen? Nicht immer ist es jedoch offensichtlich, welchen Eindruck die Antworten hinterlassen haben. Die Gesprächspartner versuchen gerne ein "Pokerface" aufzusetzen und sich nicht anmerken zu lassen, wie die Antworten gerade aufgenommen wurden. Daher ist die Bewertung immer mit Vorsicht zu genießen. Häufige Nachfragen des Personalverantwortlichen müssen nicht immer negativ bewertet werden. Es kann auch einfach ein gesondertes Interesse bestehen und man versucht den Bewerber besonders stark aus der Reserve zu locken, weil dieser ein ernsthafter Kandidat für die Besetzung der offenen Stelle ist.

Wer besonders stark im Gedächtnis bleiben möchte, kann auch ein Dankschreiben verfassen. Dieses Schreiben wird im Nachgang an das Vorstellungsgespräch aufgesetzt und verstärkt den positiven Eindruck. Es wird sich für das angenehme Gespräch bedankt und nochmals darauf hingewiesen, dass der Wusch, für das Unternehmen zu arbeiten, bestärkt wurde. Dies ist eine kleine Aufmerksamkeit, um noch etwas besser im Gedächtnis zu bleiben.

Selbst wenn das Vorstellungsgespräch den eigenen Vorstellungen entsprach und ein sehr gutes Gefühl besteht, ist es fahrlässig, alles auf eine Karte zu setzen. Deshalb ist es wichtig, weiterhin nach Stellenanzeigen zu schauen und sich zu bewerben. Folgt auf das eigentlich gut geführte Vorstellungsgespräch eine Absage, ist diese eher verkraftbar und möglicherweise stehen schon weitere Termine fest, um die Kompetenzen im Gespräch zu beweisen. Die Absage sollte zudem nicht persönlich genommen werden. Es können Kleinigkeiten zwischen den Kandidaten den Ausschlag geben, die zu der letztlichen Entscheidung führen.

Eine kleine Checkliste, um zu punkten

Damit das Vorstellungsgespräch so souverän wie möglich gemeistert wird, kann eine kleine Checkliste helfen, den gesamten Ablauf zu strukturieren. Wie detailliert diese gestaltet wird, ist einem selbst überlassen. Hier wird ein kleiner Auszug aus einem beispielhaften Ablauf aufgezeigt.

Vor dem Vorstellungsgespräch sollte von beiden Seiten der Termin bestätigt werden. Besteht eine Unsicherheit, kann mit einem schnellen Anruf der Termin bestätigt werden.

Damit auf dem Weg zum Gespräch nichts schiefgeht, sollte der Anfahrtsweg genau einstudiert worden sein. Werden öffentliche Verkehrsmittel genutzt, sollte immer einkalkuliert werden, dass diese ausfallen können oder verspätet eintreffen. Daher ist immer mit etwas Zeitpuffer zu planen. Damit wird schon der Stress auf dem Weg zum Gespräch gemindert. Wer zum Gespräch unter Zeitdruck steht, erschwert sich den gesamten Prozess unnötigerweise.

Wird ein weiter Anfahrtsweg in Kauf genommen, sollte vorab geklärt werden, ob die Fahrtkosten übernommen werden. Insbesondere wenn eine längere Reise mit der Bahn notwendig ist, sollte die Kostenübernahme angesprochen werden. Vom Gesetz her muss der Arbeitgeber die Fahrtkosten übernehmen, insofern er dies nicht explizit ausgeschlossen hat. Dazu gehört das 2. Klasse Ticket der Bahn, allerdings keine Übernachtungsmöglichkeit. Diese muss aus eigener Tasche bezahlt werden.

Einige Tage vor der Bewerbung sollte geprüft werden, ob der Anzug sauber ist und immer noch gut sitzt. Hat sich die körperliche Figur etwas geändert, kann jetzt noch die Entscheidung zugunsten eines neuen Anzugs fallen. Am Tag des Vorstellungsgespräches sind die Haare gepflegt und ordentlich frisiert. Zur Sicherheit werden am Morgen direkt mehrere Wecker gestellt. So besteht kein Risiko, dass ein Wecker überhört wird und zu zusätzlichem Stress führt. Damit steht einem gelungenen Start in das Vorstellungsgespräch nichts mehr im Wege.

Damit das Vorstellungsgespräch optimal abläuft, wurde die Homepage intensiv studiert. Dabei geht es sowohl um die Tätigkeiten, als auch um die Mitarbeiter. Teilweise stellen sich die einzelnen Abteilungen vor und selbst der

Personalverantwortliche wird repräsentiert. Das Erscheinungsbild kann bereits etwas Sicherheit vermitteln und es ist bekannt, wie die Gesprächspartner aussehen.

Neben der Unternehmenswebseite, wurde auch die Stellenanzeige nochmals gründlich durchgelesen. Alle Anforderungen und Merkmale sind bestens bekannt und sollten im Gespräch keine Überraschung mehr darstellen. Etwaige Rückfragen, die schon durch die Sichtung der Webseite aufkommen, wurden notiert oder im Kopf behalten. Es ist sicherer, sich bereits zwei oder drei Fragen vorab zu notieren. Am Ende des Gespräches kann es schwerfallen, die Konzentration noch aufrechtzuerhalten und intelligente Fragen zu stellen. Daher können die Fragen bereits vorab als Notlösung notiert werden.

Im Gespräch wird besonders auf die Körperhaltung und den Blickkontakt geachtet. Vorab wurde schon genau vor dem Spiegel eingeübt, wie man sich besser präsentieren kann. Dies ist gerade bei der Selbstpräsentation wichtig. Am Ende des Gespräches wird gefragt, wie der weitere Verlauf ist und wann in etwa mit einer Entscheidung zu rechnen sei.

In der Nachbereitung stehen vor allem die Selbstreflexion und die Motivation im Vordergrund, sich auch bei anderen Stellenbeschreibungen zu bewerben.

Mit diesen kleinen Hinweisen fällt das Bewerbungsgespräch sehr viel leichter und ist mit einem höheren Erfolg verbunden. Zu Beginn mag dies noch etwas aufwendig erscheinen. Durch eine steigende Zahl der Bewerbungen wird mehr

Erfahrung gewonnen und diese Checkliste wird praktisch intuitiv verinnerlicht.

12 Beliebte Fragen beim Vorstellungsgespräch

Das Vorstellungsgespräch sollte nun kein unbekannter Faktor mehr sein. In den vorherigen Kapiteln wurde klar aufgezeigt, welche Struktur beim Interview vorhanden ist und worauf geachtet werden muss. Mit diesen Hilfestellungen werden bereits die Weichen so gestellt, dass das Gespräch erfolgversprechend ablaufen wird und ein sympathischer Eindruck entsteht.

Die Fragen, die während des Gespräches gestellt werden, können vom Personalverantwortlichen frei gewählt werden. Dennoch gibt es bestimmte Kategorien und Arten, die bei jedem Gespräch vorkommen. Um immer zu wissen, welche Reaktion erwartet wird und wie eine passende Antwort lauten könnte, werden nun einige Fragen durchgespielt. Hierbei werden sowohl spezifische Tipps gegeben, als auch allgemein aufgezeigt, wie mit dieser Kategorie von Frage umzugehen ist.

Welche Ziele verfolgen Sie mit diesem Job

Für den Arbeitgeber ist die Feststellung der Motivation der Bewerbung sehr bedeutsam. Für ihn ist es von Vorteil, wenn der Arbeitnehmer schon von sich aus motiviert ist, die Arbeit zu erledigen. Wer lediglich das Gehalt als Motivation vorweisen kann, wird mitunter nur die Arbeit streng nach Vorschrift erledigen und nicht bereit sein, etwa über die

Grenzen hinauszugehen. Nur wer starkes Engagement zeigt und den Personalverantwortlichen davon überzeugen kann, dass eine hohe Begeisterung für den Job und das Unternehmen vorhanden ist, hat eine ehrliche Chance auf die Anstellung.

Der Bewerbungsprozess ist sehr zeit- und kostenintensiv. Daher wird sehr genau geschaut, welche Motivation eigentlich vorhanden ist und ob die Leidenschaft für den Beruf ausreichend hoch ist. Mit der Frage nach den Zielen im Job, wird genauer erörtert, welche Motivation zur Bewerbung geführt hat.

Offensichtlich ist die Begründung mit dem Hinweis auf das Gehalt unpassend. Geld ist nur ein extrinsischer Motivationsfaktor, der zwar bis zu einem bestimmten Grad motivierend wirken kann, aber nicht so intensiv wahrgenommen wird, wie die intrinsische Motivation. Bei dieser Frage sollen im Grunde mehrere Teilfragen beantwortet werden.

Dabei kann beschrieben werden, was den Arbeitgeber auszeichnet und attraktiv wirken lässt. Verfügt dieser über einen besonders guten Ruf, gilt als familienfreundlich oder bietet Chancen zur persönlichen Weiterentwicklung? Hier sollten offen und ehrlich die positiven Eigenschaften des Arbeitgebers angesprochen werden.

Gleichzeitig schwingt in dieser Frage auch die langfristige Karriereplanung mit. So soll erörtert werden, wo die Reise in 10 Jahren hingeht. Hier können durchaus ambitionierte Ziele angegeben werden. Allerdings sollte man vorsichtig damit sein, direkt eine höhere Position anzustreben. Eventuell versucht das Unternehmen langfristig die Stelle zu besetzen. Wenn dann zum Ausdruck kommt, dass am besten schon nach ein bis zwei Jahren eine Beförderung winken sollte, kann dies eher zur Ablehnung führen. Ein gesunder Ehrgeiz ist sicherlich hilfreich, allerdings sollte dieser sich auf die ausgeschriebene Position beziehen. So kann angegeben werden, dass unterschiedliche Weiterbildungen in Anspruch genommen könnten, um den persönlichen Wissensstand zu erweitern. Dies zeigt eine gewisse Eigenmotivation sich weiterzuentwickeln und ist für den Arbeitgeber in dieser Situation von hohem Nutzen.

Bevor die Bewerbung abgesendet wurde, sollte sich selber die Frage gestellt werden, was eigentlich den Ausschlag für die Bewerbung bei diesem Arbeitgeber gegeben hat. Neben dem Gehalt gibt es sicherlich auch andere Aspekte, die interessant klingen und freudig erwartet werden. Selbst wenn dies nur Kleinigkeiten sind und kaum als wichtig für sich selbst erachtet werden, sollten diese im Gespräch herausgearbeitet werden. Wer ehrlich auftritt, kann mit seiner Motivation besser überzeugen. Werden hingegen Eigenschaften erfunden, weil erwartet wird, dass der Personalmitarbeiter diese Punkte hören möchte, wird dies schnell durchschaut. An dieser Stelle muss auch immer mit Rückfragen gerechnet werden.

Ähnliche Fragen könnten zum Beispiel darauf abzielen, ob eine intensive Recherche über das Unternehmen erfolgte. Es könnte gefragt werden, was der Bewerber denn über das Unternehmen wisse. Hier dient die Unternehmenswebseite als erster Anhaltspunkt. Wer zudem bestimmte Kennzahlen im Kopf behalten hat, wie zum Beispiel die Mitarbeiterzahl, die Anzahl der Produkte und den Jahresumsatz, kann nicht nur das Interesse unterstreichen, sondern auch, dass eine gute Gedächtnisleistung vorhanden ist.

Wie würden Sie Ihren Arbeitsstil beschreiben

Die moderne Arbeitswelt besteht vor allem aus der Zusammenarbeit mit den Kollegen. Egal ob diese nun im selben Büro sitzen oder auf der ganzen Welt verstreut sind. Die Chemie im Team muss stimmen, damit optimale Ergebnisse abgeliefert werden können. Dabei gibt es nicht den bestimmten Prototypen an Mitarbeiter, der am besten zu einem Team passt. Es kommt auf die bestehende Mischung an und welcher Typ am ehesten gebraucht wird.

Mit der Frage nach dem Arbeitsstil wird genauer erforscht, welchem Typ der Bewerber am ehesten entspricht. Ist dieser ein Einzelgänger, der keine Kompromisse eingehen möchte und bei Problemen keine Hilfe in Anspruch nimmt, sondern versucht sich selber aus dieser misslichen Lage zu befreien? Oder ist er ein Teamplayer, der jeden Kollegen so umfangreich wie möglich unter die Arme greifen möchte und überall anpackt, wo Probleme bestehen.

Beide Extremtypen werden beim Bewerbungsgespräch nicht gerne gesehen. Der Einzelgänger gilt nicht gerade geeignet, um sich in ein Team zu integrieren und die zugeordneten Aufgaben abzuarbeiten. Es ist kaum möglich, eine richtige Mischung unter den Teammitgliedern zu finden. Ähnlich wird auch der Teamplayer eingeschätzt, der am liebsten jedem Kollegen helfen würde. Dieser läuft in Gefahr, seine eigene Arbeit zu vernachlässigen und seine Aufgaben nicht rechtzeitig erfüllen zu können. Außerdem besteht das Risiko, dass die Kollegen sich förmlich auf die Unterstützung verlassen und unselbstständiger werden.

Daher sollte der Arbeitsstil irgendwo dazwischen einsortiert werden. Es kann zum Beispiel erwähnt werden, dass eine selbstständige Arbeitsweise bevorzugt wird, aber bei Problemen auch nicht davor zurückgeschreckt wird, Hilfe in Anspruch zu nehmen. Dies signalisiert deutlich, dass Aufgaben alleine bewältigt werden können und nur, wenn es zu Wissenslücken kommt, die Hilfe der Kollegen genutzt wird.

Hierbei muss zusätzlich auf die Stellenbeschreibung geachtet werden. Wird etwa eine Führungspersönlichkeit gesucht, die Anweisungen geben kann, dann sollte eine gewisse Durchsetzungsfähigkeit erwähnt werden. Auch das Übernehmen von Verantwortung sollte kein Problem darstellen und gerne angenommen werden.

Auch bei Beantwortung dieser Frage ist wichtig, dass diese ehrlich begegnet wird. Wer schüchtern und introvertiert ist, sollte nicht behaupten, dass er in der Teamarbeit förmlich aufblüht. Falsche Angaben werden während der Probezeit gnadenlos aufgedeckt und können dazu führen, dass eigentlich ein anderer Typ gesucht wurde. Damit verbunden ist eine Unzufriedenheit auf beiden Seiten.

Mit dem Arbeitsstil wird nicht nur die soziale Kompetenz abgefragt. Teilweise soll auch die Struktur hinter den eigenen Vorgehensweisen hinterfragt werden. Hierfür könnte die Frage nach den Techniken oder Werkzeugen, die zur Selbstorganisation nützlich sind, gestellt werden. Dann sollte genau beschrieben werden, wie die Aufgaben sortiert werden und welche Priorisierung erfolgt. Eine chaotische Arbeitsweise wird natürlich abgelehnt und erwartet, dass immer eine klare Struktur erfolgt.

Wer das Vorstellungsgespräch gemeistert hat und in der Probezeit praktisch arbeiten darf, sollte in dieser Hinsicht seinen Schreibtisch sauber und aufgeräumt hinterlassen. Der Schreibtisch gilt als Ausdruck der eigenen Arbeitsweise. Ist dieser chaotisch und nicht aufgeräumt, kann dies einen schlechten Eindruck erwecken.

Weiterhin kann auch abgefragt werden, ob die Vorstellung über die praktische Arbeit mit der Realität übereinstimmt. Hierfür wird gerne die Frage gestellt, wie die ersten 30 Tage im Job gestaltet werden und welche Aufgaben anstehen. Hier kann aus der Stellenbeschreibung abgeleitet werden, wie die Einarbeitungszeit aussieht und anhand des Unternehmensprofils kann ein genauerer Blick erfolgen.

Wie würden Sie Ihren Führungsstil beschreiben

An eine Führungskraft werden andere Anforderungen gestellt, als an den durchschnittlichen Mitarbeiter. Die Führungskraft sollte in der Lage sein das Team zu motivieren und eine positive Atmosphäre zu schaffen. Hierfür gibt es verschiedene Ansätze des Führungsstils. Dieser kann eher locker und auf freundlicher Basis sein oder mit einem strengen Ton erfolgen. Im Bewerbungsgespräch wird daher für diese Position genauer abgefragt, wie Konflikte gelöst werden und auf welche Weise die Mitarbeiter optimal gefördert werden.

Es geht hierbei nicht unbedingt um das Erwähnen von fachlicher Qualifikation und Weiterbildungen, die vielleicht im Bereich der Führungskompetenzen durchgeführt wurden, sondern es werden reale Situationen durchgespielt. Idealerweise besteht bereits ein weitreichender Erfahrungsschatz als Führungskraft und bei der früheren Stelle konnte der eigene Einsatz und die Fähigkeiten bewiesen werden. Hier können Anekdoten beschreiben, wie genau mit solchen Situationen umgegangen wird.

Des Weiteren soll sich ein umfangreiches Bild über den Charakter gemacht werden. Hierzu werden sehr persönliche Fragen gestellt. Darunter fällt die Frage, ob man selber ein gutes Vorbild sei und warum. Hier geht es darum, die Stärken und Schwächen zu betonen und eine realistische Einschätzung abzugeben. Dabei sollten die Fähigkeiten nicht übertrieben dargestellt werden, sondern der Realität entsprechen.

Es wird auch konkret abgefragt, wie Mitarbeiter motiviert oder gefördert werden können. Hier sollte genau aufgezeigt werden, welche Möglichkeiten einer Führungskraft zur Verfügung stehen, um diese zu motivieren. Die Art und Weise der Führung hängt dabei im Wesentlichen von den Mitarbeitern ab. Während manche Typen besser auf eine Kritik und deutliche Ansprache reagieren, werden andere mithilfe einer Belohnung motiviert.

Die Teamatmosphäre ist wichtig für eine effektive Arbeitsweise. Dabei kann es nicht nur zu kurzweiligen Konflikten kommen, sondern generell zu einem Zusammenstoß unterschiedlicher Persönlichkeiten. Als Personalverantwortlicher wird gerne abgefragt, wie mit schwierigen Mitarbeitern umgegangen wird. Auf welche Weise werden diese wieder in das Team integriert und welche Maßnahmen werden konkret umgesetzt?

Hilfreich ist auch hier wieder, wenn praktische Erfahrungen vorliegen und auf Grundlage einer vorherigen Führungstätigkeit genau erläutert werden kann, wie es gelungen ist, schwierige Charaktere wieder zu integrieren.

Fragen zum Social-Media Verhalten

Soziale Netzwerke gehören schon lange nicht mehr dem reinen Privatvergnügen an. Sie sind das Aushängeschild der eigenen Persönlichkeit und auch im Netz gilt, dass ein zivilisiertes Verhalten an den Tag gelegt werden sollte. Wer vor allem durch Pöbeleien und Beleidigungen auffällt, kann schnell seine Chancen auf ein Vorstellungsgespräch verspielen. Neben den professionellen Plattformen wie LinkedIn, werden auch andere Netzwerke wie Twitter und Facebook nach dem Profil des Bewerbers untersucht.

Wird der Bewerber Teil des Unternehmens, ist dieser auch gleichzeitig ein Repräsentant dessen. Tätigt dieser Äußerungen, die vom Gesetz her nicht abgedeckt sind und dem Ansehen des Unternehmens einen hohen Schaden zufügen können, kann eine fristlose Kündigung die Folge sein. Daher gilt, dass die Social-Media-Aktivitäten sehr streng gehandhabt werden sollten.

Im Vorstellungsgespräch können die Aktivitäten auf Facebook oder anderen Seiten ein Gesprächsthema sein. Hierfür können verschiedene Fangfragen genutzt werden. Diese beruhen vielleicht gar nicht auf wahren Begebenheiten, sondern dienen dazu, den Bewerber aus der Reserve zu locken. Damit soll geprüft werden, wie dieser mit einer schwierigen Situation umgeht und ob schnell eine Überforderung eintritt.

Wird zum Beispiel bei einer Frage auf bestimmten Beiträge mit gehässigem Unterton auf einem Blog verwiesen, dann sollte erörtert werden, ob dies überhaupt der Realität entsprechen könnte. Wurde solch ein Blog überhaupt jemals besucht oder ist dieser gänzlich unbekannt? Dann ist die Antwort gestattet, dass es sich wohl nur um eine Fangfrage handelt, auf die man nicht hineingefallen sei. Dies ist durchaus erlaubt und gleichzeitig kann der Verweis auf die inhaltlichen Aspekte des Jobs erfolgen. So wird klar signalisiert, dass solche Fangfragen nicht erwünscht sind.

Plattformen wie LinkedIn und Xing gelten mittlerweile als Anlaufstelle für viele Bewerber. Mit einem Profil kann dort die eigene Person näher gebracht werden. Noch besser ist es, wenn andere Kontakte einen positiven Eindruck entstehen lassen. Dies kann allein schon durch die Quantität der "Freunde" der Fall sein. Wer zum Beispiel in einer Tätigkeit aktiv ist, bei der eine hohe Anzahl an Kontakten hilfreich ist, kann positiv auf sein Profil in diesen sozialen Netzwerken hinweisen. Im Vertrieb kann eine komplette Struktur mit Kontakten förderlich für das Unternehmen sein. Das Unternehmen könnte auf das bestehende Netzwerk zurückgreifen und erhält direkt einen Mehrwert durch die hohe Anzahl an Verbindungen.

Umgekehrt kann es aber auch den Fall geben, dass im Anschreiben erwähnt wird, dass eine gute Vernetzung vorhanden sei. Entdeckt der Personalverantwortliche, dass nur eine sehr geringe Anzahl an Kollegen mit dem Profil vernetzt ist, wird dieser sicherlich genauer darauf eingehen wollen, wie diese Aussage im Anschreiben denn zu verstehen sei.

Es gibt aber auch andere Merkmale, die in den sozialen Netzwerken nach außen getragen werden. Hier können persönliche Vorlieben aller Art vorgestellt werden. Pikant sind natürlich Details der eigenen Sexualität. Wer sich in den sozialen Netzwerken besonders offenherzig präsentiert oder durch andere Inhalte für etwas Aufregung sorgen könnte, sollte mit Nachfragen beim Vorstellungsgespräch gut umgehen können. Werden diese Vorlieben negativ aufgefasst und können dem guten Ruf des Unternehmens schädigen, ist dies sehr zum Nachteil des Bewerbers. Im Zweifelsfall gehören solche Dinge nicht in die Öffentlichkeit. Hier hilft entweder das direkte Löschen der Bilder oder der Austritt aus bestimmten Gruppen, die öffentlich einsehbar sind oder das Profil sollte so eingestellt sein, dass es für Außenstehende gar nicht einsehbar ist.

In jedem Fall sollte darauf geachtet werden, dass das Anschreiben mit den Beiträgen in den sozialen Netzwerken übereinstimmt. Werden Angaben über eine sehr intensive Fortbildung gemacht und gleichzeitig tauchen eher Urlaubsfotos auf, wird das die Glaubwürdigkeit beschädigen.

Wie würden Sie ein Flugzeug vermessen - ohne Maßstab

Neben den Fangfragen, die auf die Aktivitäten in den sozialen Netzwerken abzielen, gibt es noch weitere Arten von Fragen, die vor allem die Arbeit unter Stress untersuchen sollen. Wenn solch eine skurrile Frage gestellt wird, geht es nicht wirklich darum eine korrekte Antwort zu erhalten.

Hauptuntersuchungsgegenstand ist eher, wie spontan auf solch eine Frage reagiert wird oder ob es dem Bewerber direkt die Sprache verschlägt.

Um den Stresstest zu bestehen, sind Kreativität und ein nachvollziehbarer Lösungsweg gefordert. Die Antworten können dabei ebenso absurd sein, wie die Frage. Solange sie aber einen Sinn ergeben, ist es durchaus legitim. Bevor jedoch einfach drauflosgelegt wird, kann sich eine kurze Bedenkpause gegönnt werden. So besteht die Möglichkeit, das Vorgehen zu strukturieren und den Lösungsweg zu erarbeiten.

Während die oben genannte Frage mit dem Flugzeug eher auf die Kreativität des Bewerbers abzielt, gibt es auch andere Fragen, die eher wie ein Rätsel wirken. Es kann zum Beispiel die Frage gestellt werden, wie oft am Tag sich die Zeiger einer Uhr überlappen. Hier geht es nicht um die Kreativität des Kandidaten, sondern um die Logikfähigkeiten und ob dieser in der Lage ist auch in Ausnahmesituationen, wie dem Bewerbungsgespräch, einen klaren Gedanken zu fassen, welcher zum richtigen Ergebnis führt.

Mit anderen ausgefallenen Fragen kann die Persönlichkeit näher ergründet werden. Hier ist zum Beispiel die Frage möglich, welches Tier man denn am liebsten sei. Auch wenn Spontanität gefragt ist, sollte genau darauf geachtet werden, welche Eigenschaften dem Tier zugesprochen werden. Wer als Antwort liefert, gerne ein Faultier zu sein, wird sicherlich kaum punkten können. Auch die beliebte Antwort des Löwen kann durchaus negativ gesehen werden. Der Löwe mag zwar für Stärke und Durchsetzungsfähigkeit stehen, er duldet allerdings keine anderen Nebenbuhler und ordnet sich keiner klaren Rangordnung ein. Dieses dominante

Verhalten kann durchaus als negativ gesehen werden.

Nennen Sie fünf Eigenschaften, die Ihren Charakter beschreiben

Der Charakter wird im gesamten Vorstellungsgespräch schon scharf untersucht. Es soll herausgefunden werden, ob eine treffende Selbsteinschätzung vorgenommen werden kann und wo die eigenen Stärken und Schwächen liegen.

Wie die Frage nach den Eigenschaften des eigenen Charakters gestellt, gilt es besonders selbstbewusst aufzutreten. Ähnlich wie im Anschreiben ist Selbstbewusstsein ein gutes Mittel, um den Personalverantwortlichen von den eigenen Fähigkeiten zu überzeugen. Vorsicht ist jedoch geboten, wenn der Charakter als zu positiv und stark präsentiert wird. Eine gesunde Portion positiver Selbsteinschätzung ist wichtig, aber es sollte auch nicht zu überschwänglich ausfallen.

Als Orientierung können hierfür Eigenschaften dienen, die bereits in der Stellenausschreibung genannt wurden. Diese müssen nicht originalgetreu widergegeben werden. Wenn die allgemeine Richtung jedoch stimmt, kann dies mit einigen Sympathiepunkten verbunden sein.

Fragen, die nicht beantwortet werden müssen

Personalverantwortliche gönnen sich einen sehr großen Spielraum, wenn es darum geht den Kandidaten im Gespräch zu durchleuchten. Eine Vielzahl der Fragen zielt einfach nur darauf ab, die

Reaktionen zu erkennen und einzuschätzen, ob schwierige Herausforderungen während der Arbeit bewältigt werden können.

So ausgefallen manche Fragen auch sein können, nicht immer ist es notwendig, diese wahrheitsgemäß zu beantworten. Dies trifft vor allem auf sehr persönliche Fragen zu, die mit einer diskriminierenden Haltung verbunden sein könnten. Der Umgang mit solch sehr persönlichen Fragen ist nicht immer ganz einfach. Sind diese schon fasst unverschämt, kann es schwerfallen, die Fassung zu bewahren.

In jedem Fall gilt jedoch, dass ein kühler Kopf bewahrt werden sollte und der Bewerber nicht ausfällig wird. Souverän ist es hier, der Frage entweder deutlich auszuweichen und darauf zu verweisen, dass diese nicht beantwortet werden möchte oder dass einfach gelogen wird.

Eine beliebte Frage, die vor allem jüngeren Frauen gestellt wird, ist die nach der Schwangerschaft. Die Frage zielt darauf ab, ob in absehbarer Zeit ein Mutterschaftsurlaub erfolgen wird und daher wiederum ein neuer Kollege eingestellt werden muss. Eine Schwangerschaft muss während des Vorstellungsgespräches nicht zugegeben werden. Höchstens, wenn es Sicherheitsbedenken gibt und die Arbeit für Schwangere nicht durchführbar ist, sollte sich genauer überlegt werden, ob die Bewerbung sinnvoll erscheint.

Auch Fragen nach der sexuellen Orientierung sind im Vorstellungsgespräch unzulässig. Ob ein Mitarbeiter homo- oder heterosexuell ist, liegt im absoluten privaten Bereich und sollte nicht Gegenstand des Vorstellungsgespräches sein. Es kann entweder ausgewichen werden oder eine Lüge folgen.

Krankheitstage sind für den Arbeitgeber ärgerlich. Daher könnte ein berechtigtes Interesse bestehen, dass die Anfälligkeit für Krankheiten abgefragt wird. Der Arbeitgeber muss aber nicht darüber informiert werden, wie häufig man selber krank sei. Auch die Nachfrage nach vergangenen schweren Erkrankungen ist nicht zulässig und muss nicht beantwortet werden. Es geht den Arbeitgeber nichts an, welche Krankheitsgeschichte der Bewerber vorweisen kann.

Die Religionszugehörigkeit muss ebenfalls nicht wahrheitsgemäß beantwortet werden. Die Frage nach der Konfession wird als unzulässig angesehen und daher kann hier offen gelogen werden.

Vergangene Partei- oder Gewerkschaftsaktivitäten fallen ebenfalls nicht in das Interessensgebiet des Arbeitgebers. Dieser möchte vielleicht aus Eigeninteresse Bewerber herausfiltern, die in der Vergangenheit in Gewerkschaften aktiv waren, dies ist aber natürlich nicht zulässig.

Dies ist nur ein kleiner Auszug aus Fragen, die im Vorstellungsgespräch vorkommen können, aber nicht wahrheitsgemäß beantwortet werden müssen. Ausnahmen bestehen nur, wenn ein sehr deutlicher Bezug zur Arbeitsstelle besteht. Dies ist der Fall bei der Frage nach der Schwangerschaft und einer körperlich anstrengenden Arbeit. Wer sich in einer christlichen Institution bewirbt muss zudem die Frage nach der Religionszugehörigkeit beantworten.

Grundsätzlich gilt, dass Ruhe zu bewahren ist. Egal wie ausfallend die Frage klingen mag und wie gerne eine unsachliche Antwort abgegeben werden möchte. Es bringt keinen Vorteil, sich in diesem Moment um Kopf und Kragen zu reden. So könnte der komplette Gesprächsverlauf anhand einer Frage zum Negativen gewendet werden.

Dennoch sollte sich auch ehrlicherweise die Frage gestellt werden, ob die Anstellung in einem Unternehmen, dass sich offensichtlich diskriminierend gegenüber den eigenen Mitarbeitern verhält, erstrebenswert ist. Solch persönliche Fragen sind meist ein Indiz dafür, dass die Atmosphäre im Unternehmen vergiftet ist und die Arbeit nur sehr ungerne ausgeführt wird.

13 Diese Tipps führen zum erfolgreichen Gespräch

Die einzelnen Phasen des Vorstellungsgespräches wurden nun so detailliert besprochen, dass die Fragen keine Herausforderung mehr darstellen sollten. Neben der passenden inhaltlichen Antwort und einer selbstbewussten Körpersprache, gibt es weitere Tipps und Kniffe, mit denen die Erfolgschancen für eine Anstellung gesteigert werden können. Teilweise wirken diese etwas abwegig, doch die Praxis hat gezeigt, dass diese tatsächlich wirken.

Das Vorstellungsgespräch für den Donnerstag einplanen

Dass der Tag einen Einfluss auf den Erfolg beim Vorstellungsgespräch haben könnte, klingt eher ungewöhnlich. Ok, dass der Montag nicht unbedingt der beliebteste Tag ist und am Freitag schon halb das Wochenende eingeläutet wird, klingt plausibel. Darüber hinaus hat der Wochentag einen deutlichen

Einfluss auf die Stimmung der Gesprächspartner und dies kann zum eigenen Vorteil genutzt werden.

Den Montag und Freitag zu vermeiden, klingt als Strategie schon einleuchtend. Denn wer führt schwierige und anstrengende Gespräche noch am Freitag nach 12 Uhr durch? Es bleiben also der Dienstag, Mittwoch und Donnerstag als mögliche Termine übrig.

Jetzt kann ein weiterer Effekt ausgenutzt werden, der laut einer Studie belegt wurde. Je weiter ein Wettbewerb fortgeschritten ist, desto wohlwollender wird die Einschätzung der Jury. Diese Erkenntnis lässt sich auf das Bewerbungsverfahren übertragen. Häufig werden die Bewerber zu einem bestimmten Wochenbeginn aufgerufen, zum Bewerbungsgespräch zu erscheinen. Bewerber, die jetzt am Montag oder Dienstag die Gespräche absolvieren, werden tendenziell schlechter eingeschätzt, als es ihrer tatsächlichen Leistung entsprechen würde. Gerade der erste Bewerber hat einen schweren Stand, da es noch keine Vergleichsmöglichkeiten gibt und die Personalverantwortlichen sich zunächst in die Gespräche hineinfinden müssen.

Der optimale Termin, um ein Bewerbungsgespräch abzuhalten ist daher der Donnerstag. Hier kann angenommen werden, dass schon eine Vielzahl von anderen Bewerbern vorher im Interview geprüft wurden. Der Tag ist aber noch weit entfernt vom Wochenende und erlaubt den Personalverantwortlichen eine hohe Konzentration. Als Uhrzeit bietet sich der Vormittag an. Hier liegen natürlicherweise bei den meisten Menschen die produktivste Phase und die beste Leistung kann abgerufen werden. Konkret gilt der 10 Uhr Termin am Donnerstag als optimal. Zu einem späteren Zeitpunkt wird bereits das Mittagessen erwartet und die Konzentration kann etwas abfallen. Der Nachmittag ist nur als Ausweichtermin sinnvoll, wenn vormittags keine Zeit mehr für ein Gespräch vorhanden ist.

Wer also den Termin des Vorstellungsgespräches an einen Donnerstag um 10 Uhr festlegt, kann seine beste Leistung abrufen und wird tendenziell etwas unkritischer bewertet.

Die Konkurrenz ignorieren

Ein weiterer psychologischer Effekt kann mit der Masse an Bewerbern verbunden werden. Es ist realistisch anzunehmen, dass eine Vielzahl von Bewerbern zu einem Gespräch eingeladen werden, um den Bewerbungsprozess zu durchlaufen.

Der Gedanke daran, dass man nur einer unter vielen Bewerbern sei, führt zu dem Problem, dass die eigene Leistung als weniger bedeutsam wahrgenommen wird. Dies kann auch mit Effekten bei einer Wahl verglichen werden, wo eine Stimme als unbedeutender wahrgenommen wird, je mehr Wähler sich beteiligen.

Ein Trick, um eine höhere Leistung abzurufen besteht in dem Ignorieren der Mitbewerber oder der Vorstellung, dass nur wenige Konkurrenten um den möglichen Arbeitsplatz ringen. Je weniger Konkurrenz vorhanden ist, desto einflussreicher ist die Eigenleistung und desto bessere Arbeit kann abgeliefert werden. Daher sollte den Mitbewerbern am besten gar keine Aufmerksamkeit gewidmet werden. Es kommt einzig und allein darauf an, sich auf die eigene Leistung zu konzentrieren.

Sich optisch dem Gesprächspartner anpassen

Hinsichtlich der Körpersprache wurde schon erwähnt, dass eine Anpassung mit einer höheren Sympathie verbunden ist. Je ähnlicher der Bewerber dem Gesprächspartner erscheint, desto positiver ist der erste Eindruck. Dies drückt sich nicht nur in der Körpersprache aus. Es gibt einige weitere optische Eindrücke, die genutzt werden können.

Vor dem Bewerbungsgespräch sollte auf der Unternehmenswebseite gründlich recherchiert werden, welcher Kleidungsstil bevorzugt wird. Sind hier bestimmte Farben besonders dominant oder kann sogar der Personalverantwortliche auf einem Foto entdeckt werden? Ist dies der Fall, sollte die Kleidung so ausgewählt werden, dass die Farben denen des Gesprächspartners entsprechen. Hierbei geht es aber eher um kleine Details. Die Krawatte oder ein Tuch in den Farben des Personalverantwortlichen kann zu einer gesteigerten Sympathie führen. Wurde keine besondere Farbe ausgemacht, kann sich an das allgemeine Corporate Design gehalten werden. Die Wahrscheinlichkeit ist hoch, dass die Mitarbeiter in dieser Farbgebung auftreten.

Zum Bewerbungsgespräch sollte in jedem Fall die Bewerbungsmappe mit allen wichtigen Unterlagen und einem Notizbuch mitgenommen werden. Der Personalverantwortliche wird ebenfalls über eine Mappe verfügen. Während die Plätze eingenommen werden, kann geschaut werden, wo der Gesprächspartner die Mappe verstaut. Liegt diese lose auf dem Tisch oder wird unter dem Tisch aufbewahrt? Wenn diese auf dem Tisch liegt, sollte die eigene Mappe ebenfalls vor sich hingelegt werden. Allein durch diese kleinen Details kann eine höhere Sympathie aufgebaut werden.

Nervosität nicht verstecken

Das Vorstellungsgespräch ist nachvollziehbarer Weise eine sehr stressvolle Situation. Innerhalb einer kurzen Zeitspanne soll die eigene Person so gut wie möglich verkauft werden, um womöglich den lang ersehnten Job zu erhalten, der die Geldsorgen vergessen lassen könnte. Das hier eine gewisse Nervosität mitschwingt, ist relativ normal und gehört auch dazu, um eine positive Anspannung zu entwickeln und seine Bestleistungen abrufen zu können.

Obwohl bei jedem Bewerber die Nervosität auftritt, wird diese als große Schwäche empfunden. Schließlich gehört zur Vorstellung eines selbstbewussten Auftritts auch, dass absolut keine Nervosität vorhanden ist. Dies entspricht allerdings nicht der Realität und selbst große Showstars werden auf der Bühne von der Nervosität begleitet.

Anstatt diese Angespanntheit zu verstecken, kann mit ihr offensiv umgegangen werden. Direkt zu Beginn des Gespräches kann ruhig erwähnt werden, dass man etwas nervös sei und um Entschuldigung bitten. Dies wird nicht etwa als Schwäche aufgenommen, sondern signalisiert, dass Probleme offen angesprochen und bewältigt werden. Der größte Vorteil besteht zudem darin, dass die Nervosität dadurch etwas genommen wird. Ein Unterdrücken dieses Gefühls führt eher zu noch schwerwiegenderen Problemen, wie einem ausgeprägten Stottern.

Mitunter kann dieses Eingeständnis der Schwäche auch als Pluspunkt aufgenommen werden. Als unnatürlich wird hingegen eine sehr kühle Herangehensweise aufgefasst. Wer also probiert die Nervosität durch eine starre Mimik zu überspielen, wird als gefühlskalt und arrogant eingeschätzt. Durch das Erwähnen der Schwäche kann jedoch etwas Empathie erwartet werden.

Verneinungen vermeiden

Das Marketing soll vor allem positiv berichten und das Produkt im besten Licht erscheinen lassen. Um sich selber so auffällig wie möglich zu präsentieren, können Verneinungen eingesetzt werden mit der Idee dahinter, dass eine arrogante Haltung abgemindert wird. Mit Formulierungen wie: "Ich möchte ja nicht angeben, aber..." soll dieser Effekt erreicht werden.

In der Sprache wird jedoch das genaue Gegenteil erreicht. Anstatt bescheidender zu wirken, deutet diese Formulierung erst recht auf eine arrogante Haltung hin. Einen noch schlimmeren Effekt hat sogar eine Studie belegt. Bewerber, die häufig solche Formulierungen verwendeten, galten als weniger intelligent. So besteht der Verdacht, dass diese Bewerber mithilfe dieser Formulierungen besonders gut dastehen wollten, aber letztlich genau das Gegenteil erreichten.

Wesentlich ehrlicher und wohlwollender wird eine direkte Ansprache aufgenommen. Es muss also nicht vermieden werden, selbstbewusst zu klingen und dies bei der Selbstpräsentation durchscheinen zu lassen. Es muss aber authentisch sein und zur eigenen Person passen.

Den Redeanteil gering halten

Das Vorstellungsgespräch dient natürlich dazu, die eigene Person zu verkaufen und die Kompetenzen vorzustellen. Schnell ist daher das Verlangen da, dass selber der Redeanteil so hoch wie möglich ist, damit mehr Informationen transportiert werden können. Als Bewerber jedoch möglichst viel zu reden und zu versuchen, das Gespräch förmlich an sich zu reißen, hinterlässt keinen guten Eindruck. Hier gilt, dass nicht der Redeanteil wichtig ist, sondern die Qualität, also der Inhalt der wichtigste Faktor sein sollte.

Anstatt nun selber ohne Punkt und Komma zu reden, sollte daher mehr Wert auf den Inhalt gelegt werden. Dazu kann der Redeanteil ruhig etwas reduziert werden. Indem die Personalverantwortlichen etwas mehr reden können, können die eigenen Zuhörerqualitäten unter Beweis gestellt werden. Menschen reden grundsätzlich gerne über sich und in der Bewerbungssituation auch über das Unternehmen. Indem die Gesprächspartner einen höheren Redeanteil erhalten fühlen Sie sich selber bedeutsamer und die eigene Person wird als positiver empfunden.

Auf diese Weise kann auch ein Dialog angeregt werden. Wer selber eher zurückhaltend ist und daher sich sicherer fühlt, indem er zuhört, kann mit gezielten Fragen das eigene Interesse verdeutlichen und den Gesprächspartner das Feld überlassen. Kleine gezielte Einwürfe können signalisieren, dass dem Gespräch weiterhin gefolgt wird.

Anstatt also selber so viel und ausführlich wie möglich zu reden, ist es höflicher und erweckt einen besseren Eindruck, wenn die

Personalverantwortlichen etwas mehr reden können. Insgesamt ist zudem der Inhalt sehr viel bedeutender, als nur der prozentuale Redeanteil. Daher sollte nicht auf die Behauptung reingefallen werden, dass eine möglichst lange Redezeit mit Selbstbewusstsein verbunden wird. Teilweise kann dies auch eher gegensätzlich aufgenommen werden. Wer viel redet, aber praktisch kaum etwas aussagt, versucht in den meisten Fällen nur seine Inkompetenz oder Unsicherheit zu überspielen.

Mit Komplimenten Sympathiepunkte erhalten

Die meiste Zeit des Gespräches sollte eher auf fachlicher Ebene ablaufen. Persönliche Interessen haben hier kaum einen Platz und dementsprechend können Komplimente nur in sehr geringem Umfang eingesetzt werden.

Während des Interviews kann es dazu kommen, dass von der Gegenseite die Interessen des Bewerbers erwähnt und abgefragt werden. In diesem Zuge kann ein Kompliment fallen, welches zum Beispiel die Fachkenntnis des Gesprächspartners unterstreicht. Wer ähnliche Hobbys ausführt erhält direkt einen guten Einstieg in das Gespräch und ein kleines Kompliment wird mit Sicherheit positiv aufgenommen, wenn dieses nicht zu überschwänglich ist.

Um etwas mehr persönliche Details über den Personalverantwortlichen zu erfahren, können soziale Netzwerke wie Xing oder LinkedIn genutzt werden. Hier kann vielleicht der Lieblingsverein in Erfahrung gebracht werden oder ein anderes Hobby. So ist es möglich, das Gespräch in diese Richtung zu lenken, um ein Kompliment abliefern zu können.

Komplimente, die sich eher auf das Aussehen oder andere Oberflächlichkeiten beziehen, sollten allerdings vermieden werden. Diese wirken stark unpassend und erwecken eher den Eindruck, dass sich den Personalverantwortlichen nur angebiedert wird. Daher ist es besser, sich auf die inhaltlichen Aspekte zu konzentrieren und wenn möglich, ein Kompliment auszusprechen.

Getränke annehmen

Zu Beginn des Vorstellungsgespräches gebietet es die Höflichkeit, dass von der Gegenseite ein Getränk angeboten wird. Dieses Angebot sollte immer angenommen werden. Selbst dann, wenn gar nicht beabsichtigt wird, etwas zu trinken. Das Ablehnen des Getränkes wird mitunter als etwas unhöflich empfunden. In den meisten Fällen verfügen die Personalverantwortlichen bereits über Getränke. Hier sollte also wieder beachtet werden, dass mit der Annahme des Getränkes eine ähnliche optische Situation geschaffen werden kann.

Die Nervosität führt zudem dazu, dass der Mund sehr viel trockener wird. In Kombination mit dem Reden ist dies sehr unangenehm. Daher sollte zur Sicherheit in jedem Fall das Getränk angenommen werden. Bei der Auswahl ist es wichtig, auf die Kohlensäure zu verzichten. Mitten im Gespräch aufstoßen zu müssen ist sicherlich nicht angenehm und könnte von der Gegenseite als Einschränkung empfunden werden.

Das Glas Wasser kann zudem als Überbrückung dienen, wenn gerade eine schwierige Frage gestellt wurde. Mit einem langsamen Schluck kann etwas Zeit gewonnen werden, ohne dass eine unangenehme Ruhephase vorhanden ist.

Das Getränk sollte nicht direkt zwischen den Gesprächspartnern gestellt werden. Dies erweckt den Eindruck einer Barriere und als ob man sich abschotten möchte. Daher ist das Glas und das Getränk immer etwas seitlich anzuordnen, damit genügend Raum für die Notizen vorhanden ist und der direkte Blickkontakt nicht gestört wird.

Eine deutliche Aussprache

Die Stimmlage und Aussprache ist ein wichtiges Merkmal, wenn es um die Einschätzung der Kompetenz und des Selbstbewusstseins geht. Wer schnell und leise spricht, versucht wahrscheinlich dem Thema zu entfliehen und bedient sich daher diesem unbewussten Verhalten.

Wer eine hohe Kompetenz ausstrahlen möchte, sollte daher eher ruhig und bestimmt sprechen. Die Lautstärke sollte ebenfalls der Umgebung angepasst sein und in etwa auf dem gleichen Niveau liegen, wie des Personalverantwortlichen. Vor Nervosität mag die Stimme etwas zittrig klingen und es mag schwerfallen, wirklich eine kraftvolle Aussprache zu entwickeln. Mit der richtigen Körperhaltung kann der Stimme etwas mehr Ausdruck verliehen werden. Grundsätzlich ist eine aufrechte Haltung vorteilhaft. Der Kopf ist gerade und stellt den Blickkontakt mit den anderen Gesprächspartnern her. Vermieden werden sollte der schüchterne Blick nach unten zu den Notizen. Diese helfen in der konkreten Situation nicht weiter und werden eher als ablenkend empfunden.

Der Körper sollte also möglichst gerade und offen sein, um der Stimme möglichst viel Raum zu geben. Dies kann im Vorfeld geübt werden. Die richtige Körperhaltung beim Sitzen sorgt nicht nur für eine bessere Stimme, sondern hinterlässt allgemein einen besseren Eindruck.

Durch eine deutliche und laute Aussprache wird eine höhere Kompetenz vermittelt und der Gesprächspartner muss nicht erst nachhaken, um dem Gespräch überhaupt erst folgen zu können.

Notizen während des Gespräches machen

Während des Gespräches sollte ein kleiner Notizblock vor einem liegen. Dieser bietet die Möglichkeit, dass einige Punkte direkt aufgeschrieben werden können. Zum Abschluss des Vorstellungsgespräches können anhand der Notizen gezielte Nachfragen gestellt werden. Dies wirkt nicht nur kompetent, sondern es können wichtige Informationen behalten werden.

Während des Gespräches signalisiert der Notizblock, dass ein echtes Interesse vorhanden ist und das gewisse Punkte von hoher Bedeutung sind. Die Notizen können auch als Orientierung dienen, wenn im Nachgang das Vorstellungsgespräch analysiert wird. Auf diese Weise kann der Gesprächsverlauf besser nachvollzogen werden. Denn oftmals werden wichtige Details schon kurz nach dem Interview vergessen, obwohl diese in dem Moment noch sehr einprägsam im Gedächtnis vorhanden waren.

Der Notizblock kann natürlich auch dazu genutzt werden, dass wichtige Termine oder andere Informationen aufgeschrieben werden. Hierzu gehören die Namen der beteiligten und deren Telefonnummern. Beim Anfertigen der Notizen sollte darauf geachtet werden, dass dies möglichst diskret erfolgt, sodass das Gespräch nicht gestört wird.

Ebenfalls sollte nicht pausenlos auf dem Notizblock geschrieben werden. Dies führt eher zu dem Eindruck, dass das Gespräch nur halbherzig verfolgt werden würde.

Mit diesen kleinen psychologischen Tricks und Tipps kann das Vorstellungsgespräch in die gewünschten Bahnen gelenkt werden und vielversprechender verlaufen.

14 Der Einfluss von Social Media auf den Bewerbungsprozess

Soziale Netzwerke werden zunehmender Bestandteil des Alltages. Ob Facebook, Twitter oder Instagram, diese Plattformen werden täglich von Millionen Nutzern verwendet, um Beiträge zu teilen, Nachrichten zu schreiben oder Bilder zu verbreiten. Dabei geht die Bedeutung der sozialen Netzwerke mittlerweile weit über den privaten Bereich hinaus. Auch Unternehmen sind auf diesen Kanälen aktiv und daher ist es wichtig, dass die eigene Person nicht im Widerspruch zu den Werten und Aussagen des Unternehmens steht.

Die Bedeutung des eigenen Profils

Für die Personalverantwortlichen zählt nicht mehr nur ein gutes Anschreiben und der perfekte Lebenslauf. Auch fachliche Kompetenzen und Soft-Skills dienen nicht mehr als einziges Kriterium, wenn es um die Anstellung eines neuen Mitarbeiters geht. Im Bewerbungsprozess wird immer häufiger auch das soziale Netzwerk nach den Profilen untersucht und geprüft, ob diese mit den Inhalten des Lebenslaufes übereinstimmen. Des Weiteren entsteht ein besserer Eindruck über die Persönlichkeit und ob diese mit den Werten des Unternehmens vereinbar ist.

Ein Profil auf Facebook, Instagram oder einem der beruflichen Netzwerke wird daher ganz klar als Bestandteil der Bewerbung angesehen. Auch wenn es sich um vermeintliche Privatsachen handelt, werden diese mit in die Entscheidung einbezogen, ob eine Einladung zum Vorstellungsgespräch erfolgt. Dabei sagen Personalverantwortliche von sich aus, dass die Tätigkeit in den sozialen Netzwerken nicht mehr nur die Bewerbung ergänzen, sondern wesentlich für die Beurteilung der Eignung ist.

Doch nicht nur im konkreten Bewerbungsfall kommt dem Profil eine hohe Bedeutung zu. Gerade in den beruflichen Netzwerken wie Xing und LinkedIn gehen Headhunter oder Personalverantwortliche immer aktiver auf die Suche, um neue Mitarbeiter zu finden, die für die Besetzung einer Stelle infrage kommen könnten. Dabei entnehmen Sie den Profilen bereits einige notwendige Informationen und können den groben Lebenslauf nachzeichnen. So gewinnen Sie einen ersten Eindruck und können den potenziellen Kandidaten anschreiben und Ihn auf die offene Stelle aufmerksam machen, mit der Bitte doch selber eine Bewerbung abzugeben.

Die Suche in den sozialen Netzwerken während des Bewerbungsprozesses ist legal, solange nur auf öffentliche Daten zugegriffen wird. Wer also sein Profil so einstellt, dass sämtliche Beiträge und Informationen öffentlich einsehbar sind, muss damit rechnen, dass diese während der Bewerbung gesichtet werden.

Wurden Inhalte veröffentlicht, die für die Bewerbung hinderlich sein könnten, sollte die Sichtbarkeit so eingeschränkt werden, dass nur noch die Freunde eine Einsicht nehmen können. Damit erhalten Dritte keine Möglichkeit mehr, das Privatleben zu ergründen und auf diese Informationen muss verzichtet werden.

Soziale Netzwerke werden also hinsichtlich zweier Charakteristiken immer bedeutender. Zum einen dienen Sie als weitere Informationsgrundlage während des Bewerbungsprozesses, zum anderen können Sie auch als Anlaufstelle für Personalmitarbeiter dienen. Ein gut gepflegtes Profil sollte daher in der modernen Zeit eine hohe Priorität erhalten, um einen guten Eindruck zu vermitteln und sich nicht direkt aus der engeren Auswahl an Kandidaten aufgrund des schlechten Profils zu verabschieden.

Kritische Inhalte

Das Social Media Profil besitzt also einen hohen Einfluss auf die Entscheidung der Personalmitarbeiter. Es kann direkt darüber entscheiden, ob eine Anstellung aufgrund der unpassenden Inhalte nicht vorgenommen werden kann. Doch welche Inhalte können sich als Stolperfalle erweisen und werden ganz besonders kritisch betrachtet?

Wer in jüngeren Jahren etwas feierwütiger war und daher mal das ein oder andere Partybild auf seinem Profil hochgeladen hat, wird dieser Umstand nicht unbedingt als Ausschlusskriterium betrachtet. Kritisch wird es hingegen, wenn zum Zeitpunkt der Bewerbung Bilder und Beiträge hochgeladen werden, die den Bewerber in deutlich angetrunkenem Zustand zeigen. Insbesondere wenn diese Art der Bilder in regelmäßigen Abständen in den sozialen Netzwerken zu sehen sind, könnte schnell der Eindruck entstehen, dass das Leben nicht in geordneten Bahnen läuft und die Arbeit nur eine geringe Priorität einnimmt.

Ähnliches gilt auch für den Konsum von Drogen. Marihuana ist ein sehr umstrittenes Thema und gilt von großen Teilen der jüngeren Generation als akzeptierte Droge, um zum Beispiel von einem harten Arbeitstag abzuschalten. In der Politik wird der Zustand dieser Droge ebenfalls sehr kontrovers diskutiert und so setzen sich eine Vielzahl von Personen dafür ein, dass eine Legalisierung erfolgen sollte. Hierzu vernetzen Sie sich im Internet und sind in verschiedenen Gruppen aktiv. Wer selber für eine Legalisierung ist, sollte dies jedoch nicht unbedingt öffentlich in den sozialen Netzwerken bekanntgeben. Ein möglicher Arbeitgeber könnte dies schnell als Warnhinweis verstehen und diese Haltung sehr kritisch sehen. Als Ausdruck kann schon das "Liken" entsprechender Inhalte als Gefahr wahrgenommen werden.

Auch mit weiteren politischen Äußerungen kann man sich schnell bei dem Arbeitgeber unbeliebt machen. Insbesondere wenn Extrempositionen eingenommen werden, also entweder links- oder rechtsextreme Ansichten vertreten werden, kann dies zu einem Ausschluss bei der Bewerbung führen. Hierbei muss beachtet werden, dass die Mitarbeiter auch als Aushängeschild des Unternehmens gelten und die eigenen politischen Ansichten auf den Arbeitgeber abfärben können. Ganz besonders im Fokus stehen Bewerber, die sich im öffentlichen Dienst bewerben. Wird eine polizeiliche Laufbahn angestrebt, sollten solche politischen Inhalte am besten gar nicht öffentlich zur Schau gestellt werden. Die politische Ausrichtung bietet eine große Angriffsfläche und kann für den Arbeitgeber zu einem schlechten Image führen.

Weiterhin gilt es auch im Allgemeinen die Höflichkeitsform in den sozialen Netzwerken zu bewahren. Beleidigungen oder Äußerungen, die auf diese Weise aufgefasst werden können, sollten gänzlich unterbleiben. Selbst wenn es sich um eine Meinungsäußerung handelt, die vom potenziellen Arbeitgeber gedeckt wäre, muss auch immer darauf geachtet werden, wie die Äußerung erfolgt. Daher sollte sich nicht davor versteckt werden, dass es ja nur um das Internet handelt und nicht um die reale Welt. Dies sollte keinen Unterschied darstellen und es gilt einen höflichen Umgang zu bewahren. Ähnliches gilt auch für sogenannte "Troll-Beiträge". Wer also häufig ironisch auftritt, Diskussionen in eine bestimmte Richtung lenken will oder andere Gesprächspartner aufeinanderhetzen möchte, sollte dies ebenfalls unterlassen. Dies gilt als sehr unreif und passt nicht in das Bild eines seriösen Mitarbeiters.

Die eigene Meinung kann sich in den sozialen Netzwerken auf verschiedene Art und Weise ausdrücken. Dass eigene Beiträge die größte Gefahr darstellen, sollte offensichtlich sein. Aber auch alleine schon das Teilen oder "Liken" entsprechender Inhalte, kann als Ausschlusskriterium gewertet werden. Daher sollte immer davon ausgegangen werden, dass sämtliche Aktivitäten vom Arbeitgeber negativ empfunden werden können, egal ob es sich um ein hochgeladenes Bild oder einen abgegebenen Kommentar handelt.

Gestaltung des eigenen Profils

Nachdem jetzt festgestellt wurde, wie ein Profil am besten nicht aufgebaut wird, sollte es in die andere Richtung gehen. Jetzt wird darauf hingearbeitet, dass der eigene Eindruck sich nicht negativ, sondern positiv von der Konkurrenz abhebt. Dabei muss jeder Bewerber für sich selber entscheiden, ob er sein Facebook Profil für die Karriere optimieren möchte oder ob es nicht doch besser ist, einfach die Privatsphären-Einstellungen so zu verändern, dass die Inhalte nicht für Dritte sichtbar sind. Wer auf Xing oder LinkedIn unterwegs ist, wird aber ohnehin seinen Fokus auf die Karriere gelegt haben und darum bemüht sein, von Personalverantwortliche besonders positiv wahrgenommen zu werden.

Die Teilnahme an beruflichen Netzwerken sollte wie eine Präsentation im Lebenslauf oder dem Anschreiben gesehen werden. Auf Grundlage des Profils können wichtige Informationen entnommen werden. Daher gilt, dass das Profil vollständig ausgefüllt sein sollte. Je mehr Informationen zur Verfügung gestellt werden, desto genauer kann eine Einschätzung über die Eignung für die Stelle abgegeben werden.

Neben den persönlichen Daten gehören vor allem Kompetenzen und Qualifikationen, zu den wichtigen Bestandteilen des Profils. Hier sollte alles erwähnt werden, was das eigene Können unterstreichen könnte. Dies betrifft sowohl reguläre abgeschlossene Qualifikationen, als auch Fähigkeiten und Interessen, die eher in der Freizeit erworben wurden. Dabei gilt aber, ähnlich wie im Anschreiben, dass diese Fähigkeiten in irgendeiner Form nachgewiesen werden sollten. Also zählt auch hier die Ehrlichkeit.

Für den Personalmitarbeiter ist der gesamte Eindruck des Profils entscheidend. Dieses sollte daher in seiner Gesamtheit professionell erstellt sein. Dies fängt beim Profilbild an, welches einer hohen Qualität entsprechen sollte und setzt sich bei den Aktivitäten im sozialen Netzwerk fort. Die Netzwerke dienen nicht nur der Selbstpräsentation, sondern auch dem Austausch untereinander. Häufig findet der Austausch in öffentlichen Foren statt. Zu einem professionellen Auftreten gehört daher auch, dass selbst bei den Diskussionen ein höflicher Umgangston bewahrt wird. Weiterhin gehört zum professionellen Auftreten, dass der Klarname verwendet wird und nicht ein Fantasiename.

Die Mitgliedschaft in den sozialen Netzwerken, insbesondere wenn diese einen beruflichen Fokus besitzen, sollte nicht nur passiv erfolgen. Wer aktiv teilnimmt und sinnvolle Beiträge verfasst, kann einen zusätzlichen positiven Impuls aussenden. Dies kann zum Beispiel in Form eines eigenen Blogs gestaltet werden oder zumindest in dem Verfassen kleiner Beiträge, die im fachlichen Zusammenhang mit der Branche stehen. Eventuell besteht durch das Verfassen und Veröffentlichen der Beiträge sogar die Möglichkeit, eine regelmäßige Leserschaft für sich zu gewinnen. Wer es schafft, sich auf diese Weise einen Leserstamm aufzubauen, kann dies bei der Bewerbung vorzeigen. Damit wird auf der einen Seite die fachliche Kompetenz und das Interesse unterstrichen. Auf der anderen Seite zeigt das regelmäßige Verfassen dieser Beiträge, dass eine Ausdauer und Disziplin vorhanden ist, selbst wenn es sich um eine Leistung handelt, die eher in der Freizeit angesiedelt ist.

Wurde das Profil und der Auftritt so weit optimiert, dass dieser mit Sicherheit einen positiven Eindruck erweckt, sollte dieses natürlich von so vielen Personalmitarbeitern gesehen werden wie möglich. Dadurch werden die Chancen gesteigert, dass Headhunter auf das eigene Profil stoßen, wenn diese gerade auf der Suche nach Bewerbungskandidaten sind. Eine Möglichkeit, um die Sichtbarkeit zu steigern liegt in einer höheren Aktivität im sozialen Netzwerk. Wer sich zum Beispiel regelmäßig an Diskussionen beteiligt und dort mit gut durchdachten Beiträgen auffällt, wird eher gefunden und als Kandidat wahrgenommen. Auch eine Form der Suchmaschinenoptimierung kann vorgenommen werden, wenn ein eigener Blog im Internet angelegt wurde. So werden die Fachbeiträge eher über die Google-Suche gefunden und viel stärker wahrgenommen.

Unterschiedliche Plattformen

Die sozialen Netzwerke einfach als eine große Masse zu bezeichnen und gleich zu betrachten, wird den unterschiedlichen Anforderungen, die bestehen, nicht gerecht. Sowohl von den Nutzern, als auch von der Art und Weise, wie die sozialen Netzwerke genutzt werden, gibt es große Unterschiede. So sind die Aktivitäten auf Facebook ganz andere, als bei Instagram. Daher ist es sinnvoll, die Unterschiede zu kennen und sich jeweils etwas dem sozialen Netzwerk anzupassen, um einen höchstmöglichen Erfolg beim Bewerbungsprozess zu erlangen.

Als Plattformen, die vor allem in der Karriere eine hohe Bedeutung haben, kommen vor allem Xing und LinkedIn in Frage. Hier halten viele Arbeitgeber Ausschau nach neuen potentiellen Mitarbeitern und überprüfen die Profile. Daher sollte gerade dort auf ein professionelles Verhalten und einen gepflegten Auftritt geachtet werden. Da es sich um Netzwerke handelt, geht es hier vor allem um die professionellen Kontakte. Das heißt, es sollte eine größtmögliche Vernetzung mit ehemaligen Kollegen oder auch Freunden aus der Studienzeit erfolgen. Wer über ein größeres Netzwerk verfügt, wird eher über bestimmte Jobmöglichkeiten aufgeklärt. Zudem erweckt ein großes Netzwerk auch einen professionellen Eindruck und dass man ein fester Bestandteil der Branche ist. Für den Arbeitgeber kann das Netzwerk ebenfalls von Nutzen sein. Des Weiteren sollte Wert darauf gelegt werden, dass positive Rezensionen über sich selbst, von Dritten verfasst werden. Auf den beruflichen Plattformen können die Nutzer sich gegenseitig beschreiben und eine Art Empfehlung abgeben. Kollegen können beschreiben, wie die Mitarbeit war und Arbeitgeber können ebenfalls Ihre Meinung kundtun. Solche Empfehlungen wirken auf eine ähnliche Weise wie das Arbeitszeugnis und geben an, wie die Arbeitsweise in der Praxis empfunden wurde.

Den karriereorientierten Plattformen stehen andere soziale Netzwerke wie Facebook, Instagram und Twitter gegenüber. Hier gilt die Devise, dass wenn es sich um private Accounts handelt, dieses auch in der Privatsphäre-Einstellung zum Ausdruck kommt. Dies bedeutet bei Facebook, dass für Dritte außer dem Profil- und Cover-Bild nichts anderes zu sehen sein sollte. Beiträge sind nur für Freunde sichtbar und nicht für den potentiellen Arbeitgeber. Ähnliches gilt für Instagram, wo die Einstellung vorgenommen werden kann, dass nur akzeptierte "Follower" die Bilder einsehen können. Auf Twitter sind die Möglichkeiten zur Anpassung der Privatsphäre eher eingeschränkt. Daher sollte dort von Anfang darauf geachtet werden, welche Äußerungen vorgenommen werden.

Gleiches gilt auch, wenn ein YouTube-Kanal betrieben wird. Dieser wird in aller Regel öffentlich betrieben und die Videos sind für den potentiellen Arbeitgeber einsehbar. Wer hier kritische Inhalte verbreitet, sollte entsprechende Videos lieber von dem Kanal löschen. Ansonsten könnte der Kanal und die damit verbreitete Meinung dazu führen, dass der Arbeitgeber von einer Einstellung absieht.

Die Jobsuche per Social Media

International haben sich soziale Netzwerke bereits als Anlaufstelle für Bewerbungen etabliert. Auf den beruflichen Plattformen können Stellenausschreibungen beantwortet werden und für die Personalverantwortlichen ist auf diese Weise bereits eine erste Prüfung der Kandidaten möglich.

In Deutschland wird diese Form der Bewerbung noch etwas zaghafter genutzt. Dennoch sollten soziale Netzwerke nicht unterschätzt werden, wenn gerade die Suche nach einer neuen Stelle durchgeführt wird. Selbst auf Facebook gibt es bestimmte Gruppen, die sich an Jobsuchende richten. Diese können ebenfalls eingeschlossen werden, wenn es darum geht einen neuen Job zu finden.

Eine besondere Form der Bewerbung ist über die Plattform YouTube möglich. Hier kann ein öffentlicher Aufruf gestartet werden, bei dem die eigene Person und der Charakter vorgestellt wird, in der Hoffnung, dass potentielle Arbeitgeber auf dieses Video aufmerksam werden. Der Vorteil besteht hierbei darin, dass eine sehr große Reichweite angesprochen werden kann. Jedoch ist solch eine Bewerbungsform eher für Personen geeignet, die sich bereits wohl vor der Kamera fühlen und schon etwas Erfahrung in diesem Bereich besitzen.

Diese Art der Bewerbung könnte vor allem in der Medienbranche gut ankommen. Wer sich etwa als Moderator bewirbt und ohnehin im späteren Beruf vor der Kamera steht, sollte dies nicht nur im Anschreiben erwähnen und eine kleine Kostprobe mitsenden, sondern kann auch direkt auf den YouTube-Kanal verweisen. In diesen Branchen kann YouTube daher als echter Karrieresprung dienen, wenn auf diese Weise die Fähigkeiten und Kompetenzen nachgewiesen werden.

Damit solch ein Video gut ankommt, ist eine professionelle Gestaltung wichtig. Inzwischen ist das Niveau der Videos, selbst im Hobbybereich, sehr hoch. Daher sollten eine gute Kamera und ein Schnittprogramm vorhanden sein, um eine professionelle Bearbeitung zu ermöglichen.

Ebenfalls sollte viel Vorbereitung in die Erstellung des Videos gesteckt werden. Mal eben spontan das Video zu drehen und zu hoffen, dass dieses schon über eine hohe Qualität verfügen wird, wird in den seltensten Fällen klappen. Daher ist es vorher notwendig, ähnlich wie bei einem regulären Film, sich einen genauen Plan zurechtzulegen, wie die Bewerbung in Video-Form aussehen soll.

Social Media gehört zum heutigen Bewerbungsprozess in großen Teilen dazu. Millionen von Nutzern teilen Ihre Meinung und sind in den Netzwerken täglich aktiv. Für den Arbeitgeber kann dies mit einem Risiko verbunden sein, wenn die Aktivitäten nicht mit dem Ansehen des Unternehmens vereinbar sind. Daher gilt, dass private Accounts nach Möglichkeit so ausgerichtet sein sollten, dass diese von Dritten nicht einsehbar sind. Dadurch wird direkt jedes Risiko vermieden, welches zu einem Ausschluss aus dem Bewerbungsverfahren führen könnte. Auf der anderen Seite bieten karriereorientierte Netzwerke wie Xing und LinkedIn völlig neue Chancen, um von Arbeitgebern gefunden zu werden und einen positiven Eindruck zu vermitteln.

Im Bewerbungsprozess des 21. Jhd. darf das Thema Social Media also nicht vernachlässigt werden.

15 Wie mit Absagen umgehen

Absagen sind im Bewerbungsprozess völlig normal. Alleine die hohe Anzahl an Bewerbern und die geringe Anzahl an offenen Stellen sollte schon zu Genüge darstellen, dass nicht jeder Bewerber angenommen werden kann. Auch wenn es rational erklärbar und vollkommen nachvollziehbar ist, dass Absagen während des Bewerbungsprozesses auftreten werden, kann jede Ablehnung ein Stück die Hoffnung nehmen, doch noch den Traumjob zu ergattern. Schnell wirkt sich die Ablehnung auf das Unterbewusstsein aus und es können Selbstzweifel auftreten, die den Bewerber an seinen Fähigkeiten zweifeln lassen. Anstatt allerdings den Kopf in den Sand zu stecken, sollte professionell mit jeder Ablehnung umgegangen werden. So kann selbst aus dieser negativen Erfahrung noch etwas Positives gezogen werden.

Der Grund für die negativen Emotionen

Ablehnungen treten im Leben auf sehr vielfältiger Weise auf. Nicht nur im Bewerbungsprozess ist dieses Gefühl, nicht gut genug oder akzeptiert worden zu sein, gegenwärtig. Studien zeigen sogar, dass die Ablehnung mit einem physischen Schmerz einhergeht. Im Volksmund hat sich der "Schlag in die Magengrube" oder das "flaue Gefühl im Magen" etabliert und drückt aus, wie sich der Körper nach einer Absage anfühlt. Dabei ist dies nicht nur eine reine Einbildung, sondern kann wissenschaftlich erklärt werden.

Die Ablehnung löst im Gehirn eine ähnliche Reaktion aus, als ob ein physischer Schmerz zugefügt wurde. Obwohl es sich bei der Ablehnung "nur" um negative Emotionen handelt, können diese also einen vielfältigen Einfluss auf den Körper nehmen. Dieses Verständnis ist hilfreich, um direkt den Einfluss nicht zu verharmlosen, sondern wahrzunehmen. Die Zurückweisung stellt sich als besonders starke und negative Emotion dar.

Dies ist sogar evolutionsbedingt erklärbar und gehört zu den Urinstinkten, die das Überleben des Individuums gefördert haben. In der Zeit, als Menschen noch in kleinen Stämmen zusammenlebten, war das Überleben nur gesichert, wenn man innerhalb dieser kleinen Gesellschaft akzeptiert wurde. Dies konnte dadurch sichergestellt werden, dass man sich den Regeln angepasst und seinen Beitrag geleistet hat. So wurde jedes Mitglied, das wichtig für das Überleben war, von dem Stamm wertgeschätzt.

Anders sah es aus, wenn Handlungen ausgeführt wurden, die von den anderen Mitgliedern als negativ empfunden wurden. Wer sich nicht in die Gesellschaft integrieren konnte, stieß auf Ablehnung und im schlimmsten Fall konnte der Ausschluss aus dem Stamm erfolgen. Wurde diese Konsequenz gezogen, kam dies fast einem Todesurteil gleich, denn während dieser Epoche konnten Menschen nur überleben, wenn sie auf sich selber gestellt waren.

Der Stamm und die Gesellschaft waren überlebensnotwendig. Daher wurde jede starke Ablehnung, mit einer so großen negativen Emotion begegnet, da dies im schlimmsten Fall mit einem Ausschluss aus der Gesellschaft bestraft werden konnte.

Heutzutage leben wir Menschen zwar immer noch in einer Gesellschaft, aber Ablehnungen haben weder eine so starke Konsequenz, noch müssen sie gefürchtet werden. Wer sich Hoffnungen macht die angehimmelte Frau nach einem Date zu fragen und auf eine ablehnende Haltung stößt, wird nicht gleich aus der Gesellschaft ausgeschlossen. Im Gegenteil, die einfache Frage wird mit keiner negativen Konsequenz belegt sein, dennoch ist sie mit einer starken negativen Emotion belastet.

Die Ursache, weshalb Ablehnungen im Bewerbungsprozess weiterhin so schmerzvoll sind, sind also in den Urinstinkten des Menschen zu finden. Dies zu verstehen kann ein erster Ansatz sein, um mit den Emotionen besser umzugehen und diesen Schmerz weniger stark auf sich einwirken zu lassen. Eine Ablehnung im Bewerbungsprozess ist zwar schade, sollte aber nicht direkt eine Sinnkrise auslösen und mit Schmerzen verbunden sein.

Selbstzweifel verhindern

Als erste Reaktion auf die Ablehnung wird die eigene Person infrage gestellt. Natürlich folgen jetzt Zweifel, die mit den eigenen Fähigkeiten verbunden sind und selber erfolgt die Erkenntnis, dass die Ablehnung nur eingetreten sei, weil man selber nicht gut genug ist. Aus diesen Denkweisen können sich zwei Strategien entwickeln, die als Lösung gelten, um nicht mehr auf die Ablehnung zu stoßen. Diese werden von vielen

Personen unbewusst angewandt, doch ist hiermit ein sehr großes Risiko verbunden. Die Strategien sollten also nicht befolgt werden, weil sie kein konstruktiver Ansatz sind, um mit der Angst umzugehen.

Die erste Strategie, die viele Personen anwenden, besteht in dem Verstecken. Es ist völlig offensichtlich, dass nur jemand auf Ablehnung stoßen kann, der auch etwas wagt und womöglich aus der Masse heraussticht. Wer sich hingegen vollständig der Gesellschaft anpasst und niemals aus dieser heraustritt, wird kaum auf Ablehnung stoßen. Dazu gehört, dass praktisch niemals ein klares "Nein" erfolgt und jede Konfrontation vermieden wird. Im Beruf bedeutet dies, dass der Chef praktisch alles von einem verlangen kann und egal ob unbezahlte Überstunden angefragt werden oder ob mal wieder der Urlaub im Wunschzeitraum abgelehnt wird. Wer mit der Ablehnung nicht gut umgehen kann, wird im Job und beim Bewerbungsprozess unglücklich werden. Die eigene Persönlichkeit kann sich nicht entfalten und es wird eine Art Schutzmauer aufgebaut, die weder verlassen noch eingerissen werden kann. Dies ist offensichtlich kein guter Schutzmechanismus und kann langfristig zu ernsthaften psychischen Erkrankungen führen.

Die andere Methode, um keine Ablehnung zu erfahren besteht in dem absoluten Willen, alles perfekt auszuführen. Wo keine Fehler sind, kann auch keine Kritik erfolgen und mögliche Konfrontationen können erst gar nicht entstehen, welche einen negativen Einfluss auf das Selbstbewusstsein haben könnten. Perfektionismus mag auf den ersten Blick nach einer positiven Eigenschaft klingen. Manche Bewerber geben dies sogar im Anschreiben oder beim Vorstellungsgespräch offen zu. Allerdings ist

Perfektionismus ein großer Makel und weder für den Arbeitnehmer, noch für den Arbeitgeber erstrebenswert. Zunächst muss klargestellt werden, dass der Perfektionismus mit einem hohen Erfolgsdruck verbunden ist. Keine Fehler zu begehen ist praktisch unmöglich und es ist ein hoher Leistungsaufwand notwendig, um wirklich keinen einzigen Fehler zu begehen. Wird doch ein Fehler begangen, wird dies gleich als umso schmerzvoller wahrgenommen. Die eigene Leistungsfähigkeit wird infrage gestellt und das Ego erhält einen kräftigen Dämpfer. Zudem ist die Strategie des Perfektionismus sehr ineffizient. So wird relativ schnell ein guter Leistungsstand erreicht. Um jedoch die fehlenden 10 Prozent an Qualitätsverbesserung zu erreichen, ist ein Zeitaufwand notwendig, der in keinem Verhältnis zur Verbesserung steht. Dadurch ist die gesamte Vorgehensweise sehr langsam und wird vom Vorgesetzten nicht gerne gesehen.

Wer sich in diesen beiden Strategien wiederfindet, sollte also schnell die Erkenntnis gewinnen, dass diese nicht hilfreich sind und überwunden werden müssen. Die Absage ist kein persönlicher Angriff auf das eigene Ego, sondern nur eine logische Konsequenz des Bewerbungsprozesses. Heißt es doch gerne, wer wagt kann gewinnen, wer nichts wagt, hat bereits verloren. Das Risiko der Ablehnung zu vermeiden ist also keine sinnvolle Lösungsstrategie im Leben. Besser ist es, wenn positive Strategien entwickelt werden, um mit dieser Emotion besser umzugehen. Im besten Fall kann durch die Ablehnung sogar ein Ansporn entstehen und die Motivation, die Leistung zu verbessern.

Der professionelle Umgang mit der Ablehnung

Wer noch wenig Ablehnungen, insbesondere im Bewerbungsprozess erfahren hat, wird wahrscheinlich eine falsche Vorstellung von der Realität haben. So besteht etwa die Hoffnung, dass schon innerhalb kürzester Zeit positive Rückmeldungen eintreffen und gewählt werden kann, welcher Job denn am aussichtsreichsten wäre. Dies betrifft vor allem unerfahrene Bewerber, die gerade das Studium beendet haben und nun glauben, am Arbeitsmarkt heiß begehrt zu sein. In den meisten Fällen trifft dies jedoch nicht zu und es muss gegen eine große Konkurrenz angekämpft werden. Insbesondere, weil Erfahrungen und weitere Qualifikationen fehlen, sind Unternehmen besonders vorsichtig, wenn Absolventen eingestellt werden sollen. So wird ihnen häufig unterstellt, über zu wenig Praxiserfahrung zu verfügen.

Eine zweite Gruppe, die stark von einer verzerrten Wahrnehmung betroffen ist, sind ältere Bewerber. Es ist wahr, dass ältere Bewerber ebenfalls eher zögerlich eingestellt werden, aber gerade, wenn umfangreiche und hochwertige Qualifikationen vorhanden sind, unterschätzen ältere Bewerber ihre Fähigkeiten. Der demografische Wandel führt zudem dazu, dass in der heutigen Zeit sehr viele ältere Arbeitnehmer das Rentenalter erreichen und ersetzt werden müssen. Dies bietet Bewerbern in einem höheren Alter ebenfalls Chancen und aufgrund der weitreichenden Praxiserfahrung können diese am Arbeitsmarkt sehr begehrt sein. Gerade Frauen profitieren von einem höheren Alter. Potenzielle Arbeitgeber gehen bei Frauen im höheren Alter ein geringeres Risiko ein, was die Familienplanung betrifft. Diese ist in den meisten Fällen schon abgeschlossen und so steht die volle Arbeitskraft zur Verfügung, ohne dem Risiko einer Schwangerschaft ausgesetzt zu sein.

Dies sind zwei Gruppen, die im Bewerbungsprozess besonders herausstechen. Dennoch gibt es allgemeine Vorgehensweisen und Typen, die bei der Ablehnung während des Bewerbungsprozesses zum Vorschein kommen. Diese Typen orientieren sich in den meisten Fällen an der Persönlichkeit und den bisherigen Erfahrungen im Leben. So sind einige Menschen bereits Niederlagen eher gewohnt und wissen, wie Sie mit diesen umgehen können, während andere Personen sich gerade noch in diesem Findungsprozess wiederfinden.

Die erste Gruppe von Personen sind die Optimisten. Sie können mit der Absage ganz gut umgehen. Für Sie bedeutet die negative Antwort nicht direkt, dass das eigene Ego angegriffen wird. Mit einer gesunden Portion Selbstbewusstsein wissen Sie, dass Sie Ihre Ziele erreichen können, wenn Sie nur genügend Arbeit und Zeit investieren, um das Ziel zu erreichen. Die Absage mag zwar im ersten Moment auch für diese Gruppe etwas schmerzlich sein. Doch nach kurzer Zeit schütteln Sie sich und sehen der Zukunft wieder positiv entgegen. So kann die Absage auch mit der Chance verbunden sein, einen anderen Job zu finden und vielleicht eine andere, aber ebenfalls interessante Richtung im Leben einzuschlagen. Sie können mit der Niederlage gut umgehen und lassen sich von dieser nicht erschüttern.

Die zweite Gruppe ist generell eher negativ eingestellt. Erhalten Sie eine Absage, wird diese direkt persönlich aufgenommen. Es entstehen Selbstzweifel und das eigene Können wird stark hinterfragt. Damit verbunden ist die Angst, dass wohl niemals ein Job gefunden werden könnte und das die Fähigkeiten nicht ausreichen, um in der Berufswelt zu bestehen. Dies macht sich auch im weiteren Bewerbungsprozess bemerkbar. Anschreiben werden nur sehr zögerlich geschrieben. Möglicherweise werden Bewerbungen auch erst gar nicht abgeschickt, weil damit immer die Angst verbunden ist, dass eine Absage als Antwort kommen könnte. Im Vorstellungsgespräch zeigt sich die Unsicherheit und dadurch sinken die Chancen, den Job zu erhalten. Diese Geisteshaltung ist fatal und kann mit einer geringen Aussicht auf einen Arbeitsplatz verbunden sein. Es gilt also, diese Haltung zu vermeiden und zu erkennen, dass Selbstmitleid keinen Nutzen hat. Stattdessen sollte sich weiterhin auf die eigenen Stärken konzentriert werden.

Nach Feedback fragen

Personalmitarbeiter werden während des Bewerbungsprozesses mit einigen Aufgaben betraut sein. Sie werden wahrscheinlich nur wenig Zeit haben, aber dennoch sollte der Versuch erfolgen, nach Feedback zu fragen. Personalmitarbeiter sind allerdings nicht verpflichtet, ein Feedback abzugeben und nicht immer ist dieses ehrlich. So müssen Sie sich häufig sehr politisch korrekt ausdrücken, um etwa nicht gegen das Allgemeine Gleichbehandlungsgesetz zu verstoßen. Aber gerade kleine Unternehmen, wo ein persönlicher Kontakt zum Personalverantwortlichen hergestellt wurde, stehen dem Feedbackwunsch aufgeschlossen gegenüber. Dies kann entweder direkt telefonisch, wenn die Bewerbung noch sehr frisch ist und es sich um ein sehr kleines Unternehmen handelt oder auf dem postalischen Weg erfolgen.

Das Feedback ist in mehreren Hinsichten wichtig und kann helfen, die Bewerbung so zu verbessern, dass die Erfolgsaussichten deutlich steigen. Eine wichtige Erkenntnis liegt in dem Anschreiben. Mit einem ehrlichen Feedback können Fehler und Passagen im Anschreiben verbessert werden. Womöglich handelt es sich nur um eine einzelne Formulierung oder Aussage, die vom Personalverantwortlichen negativ aufgenommen wurde, aber selber gar nicht als solche wahrgenommen wird. Mithilfe dieser Kenntnis, kann das Anschreiben ganz gezielt verbessert werden.

Doch nicht nur für das Anschreiben sind die Hinweise der Personalmitarbeiter wichtig. Diese können Tipps geben, wie die gesamten Bewerbungsunterlagen optimiert werden. Vielleicht war auch die Formatierung der Mappe nicht so, wie sich der Personalverantwortliche dies gewünscht hätte oder es gab Abzüge bei der Gestaltung des Lebenslaufes. Auf diese Weise kann die gesamte Bewerbungsmappe verbessert werden, sodass die Chancen zukünftig deutlich steigen und es eher mit dem Vorstellungsgespräch klappt.

In Ausnahmefällen können Personalverantwortliche sogar noch umgestimmt werden und eventuell doch noch ein Vorstellungsgespräch vereinbaren oder die Absage zurücknehmen. Wird im Feedbackgespräch ein sehr guter Eindruck vermittelt, zeigt dies dem Personalverantwortlichen, dass ein großer Wille zur Verbesserung vorhanden ist. Dies ist ein wichtiges Merkmal im Berufsleben und wird daher positiv wahrgenommen. Dieser Fall tritt natürlich äußerst selten ein, allerdings wird diese Chance ganz ohne Feedbackwunsch nie eintreten.

Die Absage richtig deuten

Absage ist nicht gleich Absage. Es gibt unterschiedliche Gründe, die Personalverantwortliche dazu verleiten, dass die Bewerbung als nicht ausreichend erachtet wird und die Absage erfolgt. Unterschiedliche Faktoren beim Eingang der Absage geben schon Hinweise darauf, weshalb eine Ablehnung erfolgte.

Ist die Absage sehr zügig eingetroffen, hat der Personalverantwortliche die Entscheidung schon beim ersten Screening getroffen. Das heißt ganz einfach, dass der Bewerber überhaupt nicht in das Profil der Stelle gepasst hat und daher nie die Chance für die engere Auswahl hatte. Die Gründe hierfür können vielfältig sein. Entweder sind grobe Fehler in den Bewerbungsunterlagen vorhanden oder die Qualifikation ist schlichtweg nicht ausreichend. In diesem Fall ist das Feedbackgespräch besonders wichtig, da hier die groben Schnitzer direkt angesprochen werden können. Ist die Qualifikation nicht ausreichend, muss natürlich selbstkritisch hinterfragt werden, ob man für die Stelle überhaupt geeignet gewesen ist. Dies muss nicht bedeuten, dass die Qualifikation nicht ausreichend sei, sondern dass schlichtweg andere Abschlüsse oder Fähigkeiten für diese Stelle notwendig gewesen wären.

Dauert es eine Weile bis die Absage ankommt und es vergehen mitunter mehrere Wochen, sieht der gesamte Prozess schon etwas positiver aus. Am Ende steht zwar immer noch eine Absage, aber es kann schon der längeren Wartezeit entnommen werden, dass zumindest eine kritischere Prüfung stattfand und die Bewerbung in der engeren Auswahl lag. In diesem Fall ist davon auszugehen, dass ganz grobe Fehler nicht mehr in der Bewerbung vorhanden sind. Hier sollte eher an einzelnen Details gefeilt werden, die den Ausschlag darüber geben können, ob die Einladung zum Vorstellungsgespräch erfolgt oder nicht. Es hilft also, die Formulierungen im Detail zu überprüfen und womöglich etwas anzupassen oder andere Merkmale im Lebenslauf zu ändern. Manchmal fällt die Wahl zwischen den Bewerbern auch ganz einfach schwer, sodass es nicht an der Bewerbung lag, sondern daran, dass ein Mitbewerber besser ins Profil passte. Dies gehört zur Realität des Bewerbungsprozesses dazu und muss akzeptiert werden.

Eine Absage kann auch nach dem Vorstellungsgespräch erfolgen und dementsprechend interpretiert werden. Wurde schon am nächsten Tag die Entscheidung gefällt und eine Absage erteilt, ist es offensichtlich, dass das Vorstellungsgespräch nicht sehr gut gelaufen ist. Hier sollte an der Selbstpräsentation gearbeitet werden und nochmal genau geschaut werden, welche Dinge im Vorstellungsgespräch zu beachten sind. Durch das Üben dieser Situation und einer selbstbewussten Körpersprache können die Erfolgsaussichten hier deutlich gesteigert werden.

Auch die Form der Absage gibt Auskunft darüber, wie der eigene Eindruck war. Handelt es sich um eine standardmäßige Formulierung, die sehr neutral gehalten wurde ist klar, dass die Bewerbung frühzeitig gefiltert wurde. Folgt jedoch ein eher individuell klingender Text und die Bewerbung wird positiv erwähnt, zeigt dies, dass die Entscheidung schon etwas schwerer gefallen ist.

Aus der Ablehnung lernen

Nachdem nun die Einzelheiten der Absagen geklärt wurden, sollte genauer erörtert werden, wie eigentlich die Ablehnung besser zu verkraften ist. Einfach nur zu wissen, dass die Entscheidung sehr eng war und das flaue Magengefühl gar nicht begründet sei, hilft in diesem Fall wenig. Die eigenen Emotionen lassen sich nur schwer kontrollieren und ein Unterdrücken dieses Gefühls ist ohnehin kein guter Ratgeber. Mit den folgenden Tipps, kann die Absage besser verarbeitet werden.

Zunächst muss erwähnt werden, dass etwas Traurigkeit und eine gewisse Niedergeschlagenheit vollkommen normal sind. Gerade wenn es sich um den Traumjob gehandelt hat, kann es ziemlich schmerzlich sein, wenn diese Möglichkeit nicht wahrgenommen werden kann. Eine erste Trauerphase ist also vollkommen verständlich und erlaubt. Hier gibt es verschiedene Strategien, um mit der Trauer umzugehen. Vielen Menschen hilft es Sport zu treiben. Draußen in der Natur zu laufen kann die negativen Gedanken vertreiben und ein positiver Blick in die Zukunft eröffnet sich. Andere schalten lieber bei lauter Musik ab oder betätigen sich selber kreativ. Wichtig ist, dass die Absage nicht persönlich genommen wird. Nach einem Tag der Traurigkeit sollte aber wieder eine andere Geisteshaltung eingenommen werden.

Im ersten Schritt der Aufarbeitung der Ablehnung erfolgt die Bitte um Feedback. Dies sollte telefonisch erfolgen, da die Wahrscheinlichkeit einer positiven Rückmeldung sehr viel höher ist. So kann zumindest die Chance erhalten bleiben, dass der Personalmitarbeiter seine ehrliche Meinung zur

Bewerbung äußert und dies kann zur Verbesserung genutzt werden.

Danach sollte die Bewerbung geprüft werden. Unabhängig davon, ob ein Feedback gegeben wurde, sollten Fehler vermieden werden. Hierzu wird geprüft, ob das Anschreiben die Motivation zum Ausdruck bringt oder doch eher etwas langweilig wirkt. Auch sollte nochmal kritisch überprüft werden, ob der Lebenslauf wirklich dem entspricht, was vom Unternehmen verlangt wird. Auch die formalen Kriterien, wie die Formatierung, sollten nochmals gegengeprüft werden.

Nachdem die ersten Nachforschungen betrieben wurden, sollte der Fokus wieder auf die Jobsuche gelegt werden. Nun ist es an der Zeit, die überarbeitete Bewerbungsmappe an neue potenzielle Arbeitgeber zu senden. Hierbei sollte nochmals untersucht werden, ob das eigene Profil wirklich mit den Ansprüchen des Arbeitgebers übereinstimmt. Eventuell wurden die Bewerbungen bisher in der falschen Branche getätigt oder die Auswahl der Stellen beruht auf andere Fehleinschätzungen. Auch dies muss hinterfragt und die Auswahl dementsprechend verfeinert werden.

Auch die Vorgehensweise beim Suchen eines Jobs sollte optimiert werden. Häufig sind Muster und Verhaltensweisen vorhanden, die verhindern, dass alle möglichen offenen Stellen gefunden werden. Dies kann mit der Funktionalität einer Online-Jobbörse zusammenhängen. Eventuell kann schon das Suchen mittels anderer Begriffe zu besseren Treffern führen.

Wenn all diese Methoden bisher noch zu keinem Erfolg geführt haben und die Suche schon seit einigen Monaten erfolglos ist, sollte auch darüber nachgedacht werden, ob nicht ein alternativer Weg gefunden werden kann. Nicht immer ist es möglich, direkt nach dem Abschluss in den Beruf einzusteigen. Häufig wird, selbst bei Berufseinsteigern, schon eine gewisse Erfahrung erwartet. Liegt diese nicht vor, kann dies schon ein Ausschlusskriterium darstellen. In diesem Falle kann die Suche nach einem Praktikumsplatz die Aussichten auf eine erfolgreiche Bewerbung deutlich erhöhen. Neben dem Praktikum bietet sich auch eine ehrenamtliche Tätigkeit an, die eng mit dem gewünschten Berufsfeld verbunden ist. Auf diese Weise wird nicht nur der Lebenslauf erweitert, sondern es wird gleichzeitig eine Tätigkeit ausgeübt, die der eigenen Leidenschaft entspricht.

Professionelle Hilfe annehmen

Hat es mit der Jobsuche immer noch nicht geklappt, kann auch professionelle Hilfe angenommen werden. Hilfe aus dem Freundes- und Bekanntenkreis mag zwar nett sein, allerdings verfügen diese Personen nicht über das umfangreiche Wissen und die richtigen Tipps, wie dies ein professioneller Coach tut. Daher kann die Dienstleistung eins Job-Coaches oder Bewerbungstrainer genutzt werden, um die Bewerbung zu optimieren. Allerdings muss hier eine sehr deutliche Betrachtung stattfinden. In diesem Bereich gibt es einige "Coaches", die unseriös arbeiten und nicht gerade zum Erfolg führen. Vorsicht ist geboten, wenn die Preise zu niedrig sind. In der Regel fängt der Stundensatzbei etwa bei 150 Euro pro Stunde an. Dieses Geld sollte als Investition in die Zukunft gesehen werden. Schließlich hilft der Bewerbungstrainer im besten Fall, dass der Wunschberuf ergriffen werden kann. Je schneller dies erfolgt, desto mehr Geld wird langfristig zudem verdient und damit kann sich diese Hilfe schnell auszahlen.

16 Der Bewerbungsprozess aus Sicht des Personalchefs

Aus Sicht des Bewerbers kann dem Bewerbungsverfahren mit sehr viel Stress und teilweise auch Unverständnis begegnet werden. So mancher Bewerber fühlt sich vom Verfahren und den Beteiligten missverstanden und würde den gesamten Auswahl als unfair und nicht gerecht bezeichnen. Auch die lange Dauer des gesamten Prozesses ist für einige Personen ein Stein des Anstoßes.

Doch von den Bewerbern wird häufig unterschätzt, wie das gesamte Verfahren eigentlich aus Sicht des Unternehmens und der Personalabteilung abläuft. Es ist nämlich gar nicht so einfach, eine Stelle mit einem möglichen Kandidaten zu besetzen und daher werden hier einige Erfahrungen geteilt, die zeigen, worauf die Personalabteilung bei der Besetzung einer Position achten muss. Damit sollte für Bewerber eine bessere Nachvollziehbarkeit gewährleistet werden und diese können sich auch in die Lage der Personalmitarbeiter versetzen.

Die Stellenausschreibung

Innerhalb des Unternehmens wird der Bedarf angemeldet, dass eine neue Stelle besetzt werden muss. Dies kann der Fall sein, wenn ein Unternehmen wächst und die aktuelle Arbeit nicht mehr mit den vorhandenen Mitarbeitern zu bewältigen ist. Oder es tritt der Fall ein, dass Mitarbeiter aus dem Unternehmen scheiden und ersetzt werden müssen. Hierfür gibt es ganz unterschiedliche Beweggründe, die von einer Pensionierung bis zum Schwangerschaftsurlaub reichen.

Nachdem der Bedarf angemeldet wurde, beginnt die Personalabteilung mit den Vorbereitungen, die für die Besetzung der offenen Position notwendig sind. Es wird ein Anforderungsprofil erstellt, in dem genau definiert wird, welche Eigenschaften der ideale Kandidat haben sollte. Hier zählen vor allem die fachlichen Qualifikationen und die Berufserfahrung. Dies geschieht in Absprache mit den jeweiligen Vorgesetzten. So kann von Anfang an sichergestellt werden, dass der neue Mitarbeiter sich schnell einarbeiten kann und zügig einen Mehrwert leistet. Ist hingegen unklar, welche Anforderungen erfüllt sein müssen, kann es schnell zu Unstimmigkeiten kommen und das gesamte Verfahren ist wenig zielgerichtet.

Nachdem die Anforderungen zunächst nur intern besprochen und abgesegnet wurden, werden diese in Form einer Stellenausschreibung veröffentlicht. Hier muss genau auf die Formulierung geachtet werden. Die Bewerber richten sich sehr stark nach der Stellenbeschreibung und wenn diese zu ungenau formuliert ist und Details enthält, die gar nicht für die jeweilige Auswahl von Vorteil sind, kann dies den gesamten Bewerbungsprozess sehr stark verlangsamen.

Zudem muss die Entscheidung fallen, wo die Stellenausschreibung erfolgt. Die Veröffentlichung auf der Unternehmenswebseite ist naheliegend und wird als Standard vorausgesetzt. Je nach Unternehmensgröße ist jedoch unklar, wie hoch die Reichweite ist und wie viele potenzielle Kandidaten tatsächlich auf die Ausschreibung aufmerksam werden. Daher ist es mit der Veröffentlichung auf der Unternehmenswebseite alleine noch nicht getan.

Es müssen andere Plattformen genutzt werden, um eine größere Zielgruppe zu erreichen. Im ersten Schritt ist die Eintragung in der Datenbank des Jobcenters ratsam. Diese Datenbank spricht zwar keine bestimmte Zielgruppe an, wird jedoch von einer Vielzahl von Kandidaten genutzt und ist daher als vielversprechend zu betrachten.

Des Weiteren sind auch Eintragungen bei anderen Portalen sinnvoll. Hier muss jedoch geschaut werden, ob diese kostenlos oder mit einer Gebühr verbunden sind. Bei kostenlosen Portalen sollte darauf geachtet werden, dass diese Plattform seriös ist und über eine hohe Qualität verfügt. Andernfalls würden nur Unmengen an Bewerbungen eintreffen, die die Datenmenge erhöhen, aber kaum einen Fortschritt leisten.

Sämtliche Veröffentlichungen sollten genau dokumentiert werden. Ist die Stelle besetzt, muss die entsprechende Ausschreibung auf allen Portalen entfernt werden.

Der Eingang der Bewerbungen

Nach der Veröffentlichung werden die ersten Bewerbungen eingehen. Dies geschieht auf ganz unterschiedlichen Wegen. Während einige Bewerbungsmappen noch ganz klassisch in Papierform versendet werden, werden die meisten Bewerbungen nunmehr digital eintreffen.

Die digitale Form bietet den Vorteil, dass die gesamte Arbeit übersichtlicher gestaltet ist. Anstatt eine Vielzahl von physischen Unterlagen sortieren und einordnen zu müssen, können die Bewerber ganz einfach digital verwaltet werden. Dennoch muss auch hier der Überblick bewahrt werden.

Entweder sollten Personalmitarbeiter eine spezielle Software nutzen, die auf den Bewerbungsprozess zugeschnitten ist und eine einfache Verknüpfung der Kandidaten mit den Bewerbungen erlaubt oder es sollte zumindest eine Excel-Datei mit allen Bewerbungsunterlagen vorhanden sein. Dies erleichtert die Arbeit. Im Laufe des Verfahrens entsteht eine Übersicht, welche Kandidaten in der engeren Auswahl landen und wie mit diesen zu verfahren ist. Ebenfalls wird vermerkt, welche Tätigkeiten bereits ausgeführt wurden. Ist bereits eine Absage erfolgt oder muss diese erst noch erstellt werden? Ebenso sollte ein Kalender erstellt werden, in welchem später die Vorstellungsgespräche hinterlegt werden.

Von Anfang gilt, dass eine gute Organisation hilft, das gesamte Verfahren zu beschleunigen und effizienter zu gestalten. Daher sollte auf eine professionelle Software zurückgegriffen werden.

Erste Sichtung der Unterlagen

Nach dem Eintreffen der Bewerbungen erfolgt eine erste Sichtung. Hier wird geprüft, ob die Unterlagen vollständig sind und ob es bereits K.O.-Kriterien gibt, die zu einem Ausschluss führen. In der ersten Phase sind dies vor allem unvollständige Unterlagen. Wer beispielsweise seinen Lebenslauf vergessen oder bewusst nicht mitgesendet hat, wird direkt aussortiert werden. Je nach Anzahl der Bewerber wird die erste Sichtung detaillierter oder weniger detailliert ausgeführt.

Ist die Zahl an Kandidaten überschaubar, kann das Anschreiben gelesen werden und ein grober

Eindruck über das Anforderungsprofil entsteht. Hier werden Kandidaten ausgeschlossen, deren Anschreiben offensichtlich nicht individuell angefertigt wurden, sondern eher einer Vorlage entsprechen. Geschulte Personalmitarbeiter können schnell erkennen, wenn es sich um ein Standard-Anschreiben handelt und sortieren diese Bewerbungen direkt aus. Dies ist ein klares K.O.-Kriterium und signalisiert, dass der Bewerber offensichtlich kaum ein Interesse hat, sich ernsthaft beim Unternehmen zu bewerben.

Weiterhin wird geprüft, ob das Anforderungsprofil den Erwartungen entspricht. Ist dies nicht der Fall, kann nochmals ein genauerer Blick in das Anschreiben geworfen werden. So ergibt sich auf den zweiten Blick vielleicht ein etwas anderer Eindruck und der Kandidat wird unter Umständen doch noch nicht direkt aussortiert.

Weiterhin wird auch der Lebenslauf genauer betrachtet. Während der ersten Sichtung ist hierbei vor allem die Vollständigkeit wichtig. Aus der Sicht des Personalmitarbeiters wird vor allem darauf geachtet, dass keine Lücken vorhanden sind. Zumindest sollten die Lücken erläutert und begründet werden. Nicht nur Lücken, sondern auch widersprüchliche Angaben im Lebenslauf können ebenfalls ein Ausschlusskriterium sein. Stimmen die Zeitangaben nicht überein oder werden andere Bezeichnungen für die Tätigkeiten gefunden, kann dies im besten Fall etwas Skepsis auslösen. Passen die Angaben jedoch überhaupt nicht zueinander, deutet dies entweder auf eine sehr sorglos erstellte Bewerbung hin oder es wird mutwillig etwas verschwiegen.

Wird zudem das letzte Arbeitszeugnis nicht vorgelegt und erscheint der Lebenslauf insgesamt schon etwas verschwommen, wird es sehr schwer werden, einen Job zu erhalten.

Nach der ersten Sichtung, bei der bereits einige Kandidaten ausgefiltert wurden, erfolgt eine weitere Durchsicht, bei der ein noch kritischerer Blick auf die Bewerbung geworfen wird. Hier geht es jetzt darum die passenden Kandidaten zu finden, die für ein Vorstellungsgespräch infrage kommen.

Einladungen zum Vorstellungsgespräch

Je nach Branche werden Bewerbungen sehr schnell gesichtet und eine Einladung zum Vorstellungsgespräch erfolgt oder der gesamte Prozess kann sich etwas in die Länge ziehen. In Wirtschaftszweigen, die vom Fachkräftemangel bedroht sind, wird möglichst zügig reagiert. Hier erfolgen die Sichtung und die Einladung oder Absage schon innerhalb weniger Tage. Dieses schnelle Vorgehen ist aus Sicht des Unternehmens notwendig, damit der Kandidat sich nicht etwa für einen Konkurrenten entscheidet und nicht mehr zur Verfügung steht, um die Stelle zu besetzen.

Ist der Andrang an Bewerbern jedoch sehr hoch, erfolgt die Einladung zum Vorstellungsgespräch bei allen Kandidaten relativ zur gleichen Zeit. Dadurch wird ein etwas einheitlicheres Vorgehen sichergestellt und es kann aus einer möglichst großen Menge an Bewerbungen gewählt werden.

Das Unternehmen lädt die Kandidaten in relativ kurzen Abständen zum Vorstellungsgespräch ein. Für gewöhnlich finden alle Gespräche innerhalb einer Woche statt. Auf diese Weise ist eine gute

Vergleichbarkeit gewährleistet und der Eindruck der Bewerber bleibt gut im Gedächtnis.

Während des Gespräches sind die Personalmitarbeiter sowohl auf den Inhalt, als auch das gesamte Auftreten des Bewerbers fokussiert. Sie prüfen, ob der Gesamteindruck mit den Erwartungen übereinstimmt und der Kandidat in der Lage ist, den Anforderungen der Stelle zu entsprechen. Ein erster Hinweis darauf, wie die Einschätzung des Kandidaten ist, kann anhand der Dauer des Vorstellungsgespräches vorgenommen werden. Entsteht kein guter Eindruck, ist das Gespräch schon nach einer kürzeren Zeit beendet. Hier können teilweise schon 20 Minuten ausreichend sein, um den Eindruck zu festigen und das Gespräch für beendet zu erklären. Geht das Gespräch hingegen länger, ist dies ein deutliches Indiz, dass von Unternehmensseite ein größeres Interesse besteht und der Kandidat in der engeren Auswahl ist.

Während des Gespräches werden die Personalmitarbeiter sich bereits Notizen aufschreiben und anhand der Aufzeichnungen und des Eindrucks im Nachgang eine Beurteilung abgeben. Hierbei ist es vorteilhaft für das Unternehmen, wenn mehrere Personalmitarbeiter am Gespräch beteiligt sind. Dadurch wird eher ein objektiver Eindruck gewonnen und die Einschätzung gestaltet sich als fairer.

Anhand des Eindrucks und der vorher festgelegten Kriterien entscheidet sich der weitere Verlauf des Bewerbungsprozesses. Möglich ist, dass der Kandidatenkreis noch enger gefasst wird und weitere Gespräche notwendig sind, damit eine endgültige Entscheidung getroffen werden kann.

Wurde die fachliche und menschliche Eignung so beurteilt, dass eine Anstellung vorgenommen werden möchte, wird der Bewerber nochmals eingeladen, um die genauen Details des Arbeitsvertrages zu klären. Neben den Fragen des Gehaltes und der gesamten Vergütung ist auch der Urlaubsanspruch wichtig. Ebenfalls muss geklärt werden, ab wann der Kandidat zur Verfügung stehen würde und wann der Arbeitseintritt ist.

Um Missverständnisse vorzubeugen sollte bereits im Vorstellungsgespräch erläutert werden ab welchem Zeitpunkt die Stelle zu besetzen ist und eine Anstellung zu erfolgen hat. Mit dem schriftlichen Arbeitsvertrag wird dies nun aber verbindlich dokumentiert.

Im Regelfall unterliegt der Bewerber während der ersten 6 Monate einer Probezeit. Diese kann von beiden Seiten ohne Angabe von Gründen beendet werden. Wird festgestellt, dass es zu Konflikten kommt und der Mitarbeiter entweder mit der Arbeit überfordert ist oder das Unternehmen nicht auf die gewünschte Weise vertritt, kann die Probezeit beendet werden. Erst im Anschluss an die Probezeit greift der reguläre Kündigungsschutz und es wird eine langfristige Verbindung eingegangen.

Woraus ergibt sich die lange Dauer des Bewerbungsverfahrens

Wenn es mit der Rückmeldung etwas länger dauert, kann dies mit einer gewissen Frustration verbunden sein. Schließlich erfährt wohl jeder Bewerber gerne so schnell wie möglich, wie hoch die Aussichten auf den Job sind und ob sich eine berechtigte Hoffnung gemacht werden kann. In der Realität kann zwischen der Einsendung der Bewerbung und einer

Rückmeldung zwischen wenigen Tagen bis Wochen vergehen. Doch woher kommen eigentlich diese hohen Schwankungen?

Eine schnelle Absage innerhalb von wenigen Tagen bedeutet in den meisten Fällen, dass die Bewerbung aufgrund eines groben Fehlers direkt nach Erhalt bei der ersten Sichtung durchgefallen ist. Dies bedeutet, dass entweder das Profil überhaupt nicht zu den Anforderungen passt oder das andere gravierende Fehler vorhanden sind. Dazu können Rechtschreibfehler zählen oder unvollständige Daten. Erfolgt also die Absage sehr schnell, ist dies ein deutliches Zeichen, dass die Bewerbung überarbeitet und auf Fehler überprüft werden muss.

Dauert es länger mit der Absage, ist dies ein Signal, dass die Bewerbung es durch die erste Sichtung geschafft hat und in die engere Auswahl kam. In diesem Fall wird die Bewerbung zunächst zurückgestellt, bis die darauffolgende Bewerbungsrunde anfängt. Das Verfahren wird in vielen Fällen rundenweise durchgeführt. Dies bedeutet, dass zu Beginn erst eine größtmögliche Anzahl an Bewerbungen gesammelt wird, bis eine genauere Auswahl erfolgt. Je nach Branche und Verfügbarkeit der Arbeitskräfte kann dies bedeuten, dass das Unternehmen im ersten Schritt die Stellenanzeige für vielleicht einen Monat schaltet und Bewerbungen entgegennimmt. Wird die eigene Bewerbung nun direkt zu Beginn des Bewerbungsverfahren versendet und in die engere Auswahl genommen, kann damit schon erklärt werden, dass es selbst ohne Vorstellungsgespräch mehrere Wochen dauern kann, bis eine endgültige Entscheidung gefallen ist.

Eng damit verbunden ist auch die Gesamtanzahl an Bewerbern. Häufig ist zu beobachten, dass in großen

Unternehmen und Konzernen die Bewerbungsverfahren deutlich länger dauern. Dies hängt auch damit zusammen, dass offizielle Richtlinien eingehalten werden müssen. Kleinere Unternehmen sind hingegen sehr viel flexibler. Hier kann der Personalchef auch mal kurzfristig einen Kandidaten einladen, wenn er diesen für geeignet hält. Auch eine enge Verbindung mit dem Chef lässt hier etwas mehr Spielraum zu.

Die erste Bewerbungsphase ist dabei die längste und kann bis zu vier Wochen dauern. Nach dem Vorstellungsgespräch wird eine Rückmeldung meist innerhalb von ein bis zwei Wochen erwartet. Dauert die Antwort hier etwas länger, kann dies bedeuten, dass andere Kandidaten noch nachträglich in Betracht gezogen wurden, weil bisher kein Bewerber als geeignet angesehen wurde.

Es ist also völlig natürlich, dass eine Antwort etwas auf sich warten lassen kann, wenn der Bewerbungsprozess rundenweise abgehalten wird.

17 Skurrile Bewerbungen und Gespräche

Der Arbeitsalltag eines Personalmitarbeiters ist an den meisten Tagen geprägt vom Prüfen der Bewerbungen und einschätzen, welche Bewerber am besten zu der offenen Stelle passen würden. Dabei gibt es aber auch ganz skurrile Bewerber, die Ihre Bewerbung so ausgefallen oder schlichtweg unpassend gestalten, dass Sie (negativ) im Gedächtnis hängen bleiben. Zum Abschluss des Buches wird also nochmal etwas aus dem Nähkästchen geplaudert, um zu verdeutlichen, wie es eher nicht ablaufen sollte.

Sehr wählerisch vorgehen

Vorstellungsgespräche dienen hauptsächlich dazu, um zu erfahren, ob die Persönlichkeit zum Unternehmen passt. Dazu gehört in der Regel die Fähigkeit, sich dem Arbeitgeber und Vorgesetzten unterzuordnen.

Dies sieht allerdings nicht jeder Bewerber so und so kam es auch mal zu dem Fall, dass ein Kandidat sich besonders wählerisch gezeigt hat. Dies hat sich so ausgedrückt, dass dieser zunächst über seinen alten Arbeitgeber gelästert hat. Dieser wurde als wenig flexibel, langweilig und sogar uncool beschrieben. Diese negativen Äußerungen über einen alten Arbeitgeber kommen natürlich absolut nicht gut an und hätten schon in diesem Moment dazu führen können, dass das Gespräch beendet wird. Aber gut, der Kandidat sollte noch eine Chance erhalten, diesen Eindruck im Gespräch etwas zu relativieren und sich zum Positiven zu ändern.

Diese Chance wurde allerdings grandios verspielt. Bei der genaueren Nachfrage, was denn genau mit dem Verhalten des alten Arbeitgebers gemeint sei, kam heraus, dass der Kandidat sich anscheinend eine andere Einstiegsposition gewünscht hätte, aber diese Bitte vom Arbeitgeber nicht erfüllt wurde. Der Kandidat war also vollkommen überrascht davon, dass der Arbeitgeber die Aufgaben und Tätigkeiten festlegt und er dies nicht selber bestimmen könne. Direkt im ersten Vorstellungsgespräch mit Forderungen aufzutreten und dem Arbeitgeber diktieren zu wollen, welche Position man jetzt erhalte, ist schlichtweg unverschämt. Also war das Gespräch an dieser Stelle beendet.

Ob der Kandidat letztlich die Stelle gefunden hat, die genau auf seine Vorstellungen zugeschnitten war, ist unbekannt.

Vorstellungsgespräch im Auto

Skurrile Gespräche müssen nicht immer auf die Kandidaten zurückzuführen sein. Manchmal spielt das Leben einem einen Streich und bringt die gesamte Planung durcheinander. Dies war einmal der Fall, als wegen Feueralarms das Büro nicht genutzt werden konnte. Nun, kurzer Hand stand der Bewerber aber schon vor der Tür und konnte für diese Situation selber wenig. Also wurde spontan entschieden, dass das Bewerbungsgespräch im Auto stattfindet.

Leider hat es sich dabei nur um einen kleinen VW Polo gehandelt und der Kandidat war mit 1,95 m nicht gerade perfekt für diese Umgebung. Allerdings ist der Bewerber mit dieser spontanen Entscheidung super umgegangen und hat bewiesen, dass er auch in Ausnahmesituationen nicht die Fassung verliert, sondern sich schnell den Gegebenheiten anpassen kann. Daher wurde das Gespräch deutlich kürzer gefasst. Anstatt jetzt noch Fragen über die Stärken und Schwächen zu stellen, konnte an der Reaktion schon gut eingeschätzt werden, wie der Bewerber mit Herausforderungen umgeht. Somit hat diese ungewöhnliche Situation zu völlig neuen Erkenntnissen im Bewerbungsprozess geführt.

Vollkommene Überraschung

Offenheit und Selbstbewusstsein sind sicherlich hilfreich, um beim Bewerbungsprozess gute Chancen zu haben. Manchmal ist es mit der Ehrlichkeit aber auch zu viel und es sollte eher rücksichtsvoll agiert werden. Die Frage nach einem Getränk ist eine gängige Höflichkeitsform und sollte bejaht werden. Wenn allerdings in ganz professioneller Manier nach einem doppelten Espresso mit Sahne verlangt wird, könnte dies doch etwas zu viel des Guten sein. Diese Bitte der Kandidatin wurde zunächst für einen Scherz gehalten. Doch auch bei der genaueren Nachfrage blieb Sie bei der Version.

Der erste Eindruck setzte sich auch im weiteren Gespräch fort. Offensichtlich hatte Sie nicht begriffen, dass Sie sich in einem Bewerbungsgespräch befand und hatte das Ganze mehr als Kaffeeklatsch betrachtet. Ihre Aussagen waren häufig sehr umgangssprachlich und Sie fand die Tätigkeiten und das Unternehmen "voll cool". Diese Ausdrucksweise hat dann dazu geführt, dass die Stelle lieber von jemand anderes besetzt wurde.

Die skurrilsten Bewerbungsmappen

Vorstellungsgespräche sind natürlich eine besondere Kategorie und dort kommen die Persönlichkeiten der Bewerber besonders stark zum Ausdruck. Aber auch Bewerbungsmappen halten einige Überraschungen bereit. Was hier schon alles passierte, wird kaum geglaubt. Zusammenfassend werden daher die absurdesten Bewerbungsmappen beschrieben, die während der Tätigkeit als Personalchef eingegangen sind.

Häufig wird über die junge Generation gelästert, dass diese unselbstständig sei und kaum etwas alleine bewältigen könnte. Immer öfter werden Eltern gebeten, dem Kind doch unter die Arme zu greifen und etwas Unterstützung zu leisten. So scheint es völlig normal, wenn Eltern dem Kind selbst während des Studiums noch Entschuldigungen schreiben möchten. Völlig absurd wird es allerdings, wenn der Bewerbungsmappe noch ein Empfehlungsschreiben der Mutter beiliegt. Dies ist tatsächlich so vorkommen und was wahrscheinlich lieb gemeint war, wird natürlich sehr negativ aufgenommen. Schnell hat sich der Eindruck eingestellt, als würde die Kandidatin selbst im Beruf noch die Unterstützung der eigenen Mutter brauchen. Etwas Hilfestellung ist sicherlich ganz nett und mütterliche Fürsorge wird gerne gesehen. Irgendwann ist es jedoch genug und in diesem Fall war ganz sicherlich eine Grenze überschritten. Die Kandidatin wurde erst gar nicht zum Gespräch eingeladen.

Kreative Bewerbungen gehören in manchen Branchen sicherlich auch zum Alltag. So wird die Bewerbung in einem ganz besonderen Design angefertigt und die Deko soll einen individuellen Eindruck verleihen. Merkwürdig wird es allerdings, wenn die Bewerbung auf farbigem Papier gedruckt wird. Völlig absurd wird es dann, wenn zusätzlich noch Teddy-Bären als Sticker das Papier verzieren. Sicherlich ist es in kreativen Branchen sinnvoll, die Bewerbung etwas von den Mitbewerbern abzuheben. Das sollte allerdings nicht in diese kindliche Richtung gehen und beweist wenig Kreativität. Mutig ist es aber allemal und das Schreiben hat einen ganz besonderen Ehrenplatz eingenommen.

Grundsätzlich steht es dem Bewerber frei, welche Hobbys er in seinem Privatleben ausübt. Dazu kann auch mal eine feucht fröhliche Feier zählen. Das Leben und das hart verdiente Geld will ja schließlich auch sinnvoll genutzt werden. Problematisch wird es allerdings, wenn die Vorliebe dem Alkohol gegenüber zu einer Einschränkung im Arbeitsleben führt. Hier hat ein Bewerber freundlicherweise schon im Anschreiben darauf hingewiesen, dass das Arbeiten an Freitagen, Samstagen und Sonntagen nur begrenzt möglich sei. Schließlich liegt dies in der "drinking time" und damit könne nicht garantiert werden, dass die volle Leistung abgerufen würde. Nach diesem Hinweis hatte der Bewerber immerhin weiterhin mehr Zeit, die Trinkgewohnheiten auszuleben. Nach der Ablehnung konnte er die Woche so gestalten, wie er es für richtig hielt.

Für die Bewerbung sollte das Aussehen keine Rolle spielen. Fachliche Qualifikationen und eine ausreichende Kompetenz sollten darüber entscheiden, ob ein Bewerber den Arbeitsplatz erhält. Dennoch versuchen so manche Kandidaten und Kandidatinnen sich mit hübschen und teils offenherzigen Fotos besser in Szene zu setzen. Als allerdings eine Bewerbung mit einem Foto in Cheerleader-Uniform glänzte, konnte das kaum geglaubt werden. Schließlich handelte es sich bei der zu besetzenden Stelle um eine seriöse Position bei einer Bank. Da ist ein Cheerleader-Outfit gänzlich unangebracht und führt natürlich zu einer Ablehnung. Vielleicht hat die Kandidatin auch einfach vergessen, dass die Bewerbung an eine Bank ging und nicht einem Karnevalsverein galt.

Wer nicht mit fachlicher Kompetenz punktet, kann versuchen dieses Defizit auf anderen Wegen auszugleichen. Neben dem offenherzigen Foto von meist weiblichen Bewerbern, treten Männer häufig auffällig protzig auf. So präsentieren Sie sich auf dem Bewerbungsfoto vor einem teuren Sportauto und versuchen damit den Eindruck zu vermitteln, dass dieser Erfolg auch auf das Unternehmen abfärben könnte. Wenn aber all dies nicht reicht, könnte ja die zusätzliche Bemerkung, dass das Auto bei Einstellung dem Personalchef gehören könnte, hinzugefügt werden. Dieser Bestechungsversuch ist tatsächlich vorgekommen und in der Abteilung konnte es kaum jemand glauben, dass solch ein plumper Versuch gewagt wird. Das Auto wurde natürlich nicht angenommen.

In Haft gewesen zu sein wirkt sich sicherlich nicht positiv auf den Bewerbungsprozess aus. Diese Zeit zu verschweigen ist aber auch nicht immer hilfreich und wenn der potenzielle Arbeitgeber von der Haftstrafe erfährt, wird er sich möglicherweise fragen, ob auch noch andere Dinge verheimlicht wurden. Daher ist es gut, offen mit diesem Makel umzugehen. Allerdings können diese Erkenntnis und der Umgang etwas fragwürdig sein, wenn die Haftstrafe damit begründet wird, dass ein Schwein gestohlen wurde. Im Vorstellungsgespräch erfolgte nach einer kurzen Nachfrage der Hinweis, dass es sich ja nur um ein sehr kleines Schwein gehandelt hätte. Naja, so humorvoll dies auch klingen mag, für den Erfolg bei der Bewerbung war dies sicherlich nicht förderlich.

Dies ist nur ein Auszug von Bewerbungen und Bewerbern, die im Gedächtnis geblieben sind. Mit der immer ausführlicheren Berufserfahrung werden solche Momente gar nicht mehr als so abwegig empfunden und gehören als Personalchef schon fast zum Alltag dazu. Es zeigt sich also, dass manchmal das Maß bei der Bewerbung sehr niedrig hängt und es schon ausreichend sein kann, einfach nicht zu erwähnen, dass man unter dem Punkt "Hobbys" schreibt, dass man gerne Alligatoren im Dunkeln beobachtet.

18 Schlussbemerkungen

Mit diesem Buch wird ein umfassender Einblick gewährt, damit die nächste Bewerbung mit besseren Chancen verbunden ist und hoffentlich der Traumjob zur Realität wird. Es wird von Anfang an gezeigt, welche Merkmale für eine herausragende Bewerbung entscheidend sind und wie es gelingt, sich von der Konkurrenz abzuheben. Fachliche Qualifikationen können natürlich nicht geändert werden, aber mit der passenden Präsentation, kann einiges ausgeglichen werden. Selbst wenn nicht die perfekten Voraussetzungen gegeben sind kann eine herausragende Bewerbung und ein überzeugendes Vorstellungsgespräch zu der gewünschten Anstellung führen.

Da einige Informationen in diesem Buch verarbeitet wurden, werden hier nochmals kurz die Kernpunkte zusammengetragen, die ein gutes Anschreiben, ansprechenden Lebenslauf und ein sympathisches Vorstellungsgespräch ausmachen.

Die Kernpunkte zusammengefasst

Beim Anschreiben geht es darum, dem Personalverantwortlichen Lust darauf zu machen, dass dieser mehr von der eigenen Person erfahren möchte. Das Anschreiben dient nur zu einem gewissen Teil dazu, dass die fachlichen Kompetenzen näher gebracht werden. Die Qualifikationen lassen sich zum größten Teil aus dem Lebenslauf ablesen und müssen daher im Anschreiben nicht mehr zwingend erwähnt werden. Vielmehr geht es darum, einen interessanten

Einstieg zu gewährleisten, der die eigene Person dem Personalverantwortlichen näher bringt.

Großen Wert sollte schon auf den Einstiegssatz gelegt werden. Der erste Satz ist vergleichbar mit dem ersten Eindruck beim Treffen einer Person. Hier kann bereits die Weiche dafür gelegt werden, dass der Personalverantwortliche ein Interesse entwickelt und das Anschreiben aufmerksamer liest. Inhaltlich ist es vor allem wichtig, einen Bezug zur Stellenanzeige herzustellen. Hier sollte genau darauf geachtet werden, welche Anforderungen an den Bewerber gestellt werden. Diese Eigenschaften sollten möglichst im Anschreiben erwähnt werden. Die wenigsten Personalmitarbeiter lesen sich das Anschreiben komplett durch. Meist werden nur die ersten Sätze näher betrachtet und danach wird der Text nur noch nach den gewünschten "Keywords" überflogen. Daher ist es wichtig, dass die Fähigkeiten in der Form niedergeschrieben werden, wie sie für den Personalmitarbeiter von Relevanz sind.

Für die gesamte Bewerbung ist es von Vorteil, wenn ein selbstbewusster Ton angeschlagen wird. Dazu gehört, dass Sätze im Konjunktiv vermieden werden. Als Bewerber "wäre" es daher nicht schön, wenn ein Vorstellungsgespräch stattfinden würde, sondern "es freut mich Sie bei einem persönlichen Gespräch kennenzulernen". Dies ist bei modernen Bewerbungen der absolute Standard und sollte umgesetzt werden. Selbst wenn es etwas ungewohnt klingen mag, ist es wichtig, sich an die modernen Konventionen zu halten.

Im Lebenslauf wird der eigene berufliche Werdegang tabellarisch aufgelistet. Dabei wird von der chronologischen Vorgehensweise, welche noch vor einiger Zeit als Standard in Deutschland galt, abgewichen. Heutzutage werden die einzelnen Stationen der Karriere achronologisch dargestellt. Dies bedeutet, dass ganz oben der letzte Job oder die Ausbildungsstätte steht. Dies erleichtert den Personalmitarbeitern die Arbeit und direkt in der obersten Zeile wird die wohl relevanteste Position abgebildet. Der Lebenslauf sollte sich auf die wichtigsten Stationen beschränken, aber trotzdem vollständig sein. Wenn einige Praktika durchgeführt wurden, ist es ausreichend, wenn nur diese erwähnt werden, die auch für die Stelle relevant sind.

Lücken im Lebenslauf sollten nicht kaschiert werden. Eine Lücke im Lebenslauf ist zudem nicht unbedingt ein Ausschlusskriterium und je nach Länge und Tätigkeiten, fällt diese kaum ins Gewicht. Dies ist zum Beispiel dann der Fall, wenn gerade das Studium beendet wurde und nicht direkt im Anschluss eine Anstellung gefunden wird. Hier ist es durchaus üblich, dass Personalverantwortliche eine Zeit von wenigen Monaten einräumen. Wird die Zeit noch nicht für eine Jobsuche genutzt, sondern zum Reisen oder um anderen Interessen nachzugehen, sollte dies wahrheitsgemäß dargelegt werden. Einen etwaigen Urlaub mit einer Bildungsreise gleichzusetzen ist wenig überzeugend und könnte vom Personalverantwortlichen nur als unehrlich aufgenommen werden. Besser ist es, von Anfang an mit offenen Karten zu spielen und auch dazu zustehen, dass nicht direkt die Suche nach dem Job begonnen wurde, sondern andere Erfahrungen gesammelt werden sollten.

Während früher es auch noch geläufig war, die Berufe der Eltern aufzuführen, wird dies heute vermieden. Der Fokus sollte ganz klar auf dem Bewerber liegen und die Eltern haben hier eher wenig verloren. Die Interessen des Bewerbers allerdings können eine wichtige Rolle einnehmen. Durch die Interessen wird ein besseres Bild der Persönlichkeit vermittelt und der Personalmitarbeiter erhält einen besseren Eindruck, ob der Bewerber der Stelle gewachsen ist. Wichtig ist hierbei, dass die Interessen der Wahrheit entsprechen. Natürlich ist aber sinnvoll, sich auf Interessen zu fokussieren, die eher im Zusammenhang mit der Stelle stehen.

Wurde der Personalmitarbeiter überzeugt und ein Vorstellungsgespräch vereinbart, ist die erste Hürde genommen. Die gute Nachricht ist, dass die fachlichen Qualifikationen offensichtlich ausreichend für die Stelle sind. Es sind bis jetzt alle Voraussetzungen erfüllt worden, um die Stelle zu besetzen. Nun geht es darum in einem persönlichen Gespräch die Fähigkeiten und Kompetenzen unter Beweis zu stellen.

Hierfür sollten vor allem von Anfang an die gängigen Höflichkeitsformen beachtet werden. Ein dezenter Augenkontakt, ein freundlicher Händedruck und ein leichtes Lachen sorgen direkt für ein sympathisches Auftreten. Wichtig für die Kommunikation ist zudem die Körpersprache. Diese sollte selbstbewusst und ruhig sein. Nicht jeder ist für diese Prüfungssituation geschaffen und der Stress kann manchmal zu ungewollten Reaktionen führen. Daher ist eine ausführliche Vorbereitung hilfreich. Dazu sollte sich so gut es geht über das Unternehmen informiert werden und auch die Anforderungen an die Stelle bewusst werden.

Im Vorstellungsgespräch werden die Personalverantwortlichen einige Fragen stellen. Die Fragen können ganz unterschiedliche Ziele verfolgen. Zu Beginn geht es mit leichten Fragen im Smalltalk eher darum, die Nervosität etwas zu legen und die Persönlichkeit zu betrachten. Nach der kurzen Findungsphase werden aber andere Fragen gestellt, die entweder die fachlichen Kompetenzen überprüfen sollen oder auf andere Weise eine Herausforderung darstellen. Manche Fragen zielen einfach nur darauf ab, den Kandidaten aus der Fassung zu bringen und zu sehen, wie dieser unter Stress reagiert. Hier ist es legitim, kurz eine Pause einzulegen und über die Antwort nachzudenken. Häufig wird die schnelle Beantwortung von Fragen mit einem sicheren Auftreten verwechselt. Die Wahrheit ist jedoch, dass man sich dabei eher um Kopf und Kragen redet, anstatt sinnvolle Antworten zu liefern. Weiterhin gilt es, stets ein hohes Interesse zu zeigen. Daher sollten immer Nachfragen am Ende des Gespräches erfolgen und der Eindruck vermittelt werden, dass der Job mit hohem Interesse verfolgt wird.

Wie viele Bewerbungen müssen geschrieben werden

Einige Absolventen gehen mit der Vorstellung auf Jobsuche, dass die Arbeitswelt nur auf sie gewartet hätte. Der so oft propagierte Fachkräftemangel verstärkt dieses Gefühl und sorgt zum großen Teil eher dafür, dass eine falsche Vorstellung von der Realität herrscht. Auch wenn sicherlich die Aussichten für einen Absolventen eines Studiums in den MINT-Fächern höher ist, so muss dennoch einige Zeit und Arbeit investiert werden, um schließlich den heiß begehrten Beruf zu ergattern.

Wie viele Bewerbungen geschrieben werden müssen, kann pauschal nicht beantwortet werden. Dies hängt von einigen Faktoren ab. Dazu zählen neben der Fachrichtung und der Abschlussnote auch, ob schon einschlägige Praktika absolviert wurden und ob vielleicht schon ein erster Kontakt vorhanden ist. Im besten Fall wird bereits während des Studiums ein Netzwerk aufgebaut, um nach dem Abschluss direkt einen Job sicher in der Tasche zu haben. Dies ist sicherlich die Wunschvorstellung, doch trifft dies nur auf die wenigsten Absolventen zu. Auch aus der Festanstellung heraus sollten immer mal wieder die Fühler ausgestreckt werden, um zu erfahren, ob nicht vielleicht bei der Konkurrenz die Gelegenheit günstig ist, um dort einzusteigen und eine Gehaltssteigerung zu erhalten.

Die Anzahl an Bewerbungen, die geschrieben werden müssen, ist nur schwer einzuschätzen. Als Minimum werden etwa 10 Bewerbungen notwendig sein. Wer schon bei weniger als 10 Bewerbungen einen Treffer landet und einen Arbeitsplatz in Aussicht hat, hat sicherlich eine außergewöhnliche Leistung abgeliefert. Selbst für Absolventen kann es aber auch vorkommen, dass diese bis zu 100 Bewerbungen schreiben müssen. Daraus ergibt sich schon, dass die Bewerbungsphase mit einem Vollzeit-Job vergleichbar ist. Denn die individuelle Anfertigung des Schreibens und die leichten Veränderungen des Lebenslaufes erfordern sehr viel Aufmerksamkeit.

Wichtig ist, dass nicht die Motivation verloren geht und mit jeder Absage professionell umgegangen wird. Sicherlich mag es im ersten Moment sich schlecht anfühlen, wenn die Bewerbung nicht ausreichend war, doch dies ist kein Grund, direkt den Kopf in den Sand zu stecken. Jede Absage ist eine Gelegenheit, um sich zu verbessern und Unternehmen sind auch bereit, Feedback zu geben und zu erklären, woran die Bewerbung nun genau gescheitert ist. Wer selbst längerfristig keinen Erfolg vorweisen kann, sollte jedoch weitere Maßnahmen ergreifen, als nur die Bewerbung verbessern zu wollen.

Die Qualifikation erweitern

Die Qualifikation gehört zu den Grundlagen, auf denen der Personalverantwortliche eine Entscheidung trifft. Dabei geht es nicht nur um die Abschlussnote, sondern auch den anderen Fähigkeiten, die mit einem Zeugnis nachgewiesen werden. Bestehen eine große Unsicherheit und der Wunsch weitere Qualifikationen zu erhalten, ist dies hinsichtlich der Erfolgschancen bei den Bewerbungen positiv zu betrachten.

Eine Möglichkeit sich weiterzubilden besteht mittels Online-Weiterbildungen. Wird eher etwas Langfristiges gesucht und muss eine Grundlage gelegt werden, kann ein Fernstudium aufgenommen werden. Die Unterlagen werden online bereitgestellt und mittels Forum kann eine Kommunikation mit den Tutoren oder Kommilitonen stattfinden. Lediglich bestimmte Klausuren können mit einer Präsenz verbunden sein.

Neben dem Fernstudium gibt es weitere zahlreiche Online-Angebote, die wahrgenommen werden können, um die eigene Qualifikation zu verbessern. Hierbei muss jedoch geschaut werden, ob der Anbieter seriös ist und von den Arbeitgebern überhaupt akzeptiert wird.

Weiterbildungen werden zudem staatlich gefördert. Dies gilt insbesondere für Geringverdiener, die sich beruflich weiterentwickeln möchten. Hierfür gibt es die sogenannte Bildungsprämie. Mit dieser können gezielt Maßnahmen ergriffen werden, um die Weiterbildungskosten zu übernehmen.

Voraussetzung hierfür ist, dass das zu versteuernde Einkommen im Jahr unter 20.000 Euro liegt.

Ist dies der Fall, kann eine Beratungsstelle aufgesucht werden, damit ein Teil der Kosten übernommen wird. So werden die Aussichten gesteigert, beruflich sich weiterentwickeln zu können.

Abschließende Worte

Die Bewerbungsphase ist mit einiger Unsicherheit verbunden und für Niemanden ist dies eine Zeit der Freude. Jeder möchte am liebsten so schnell es geht die Zusage erhalten und die neue Tätigkeit beginnen.

Eine der wichtigsten Fähigkeiten bei der Jobsuche ist das Durchhaltevermögen. Egal wie viele Absagen auch eintreffen, es sollte niemals der Mut verloren gehen, sich selber weiterzuentwickeln und die Bewerbungen sorgfältig zu gestalten. Mit den hier präsentierten Tipps kann eine moderne Bewerbung geschrieben werden, die den gängigen Regeln entspricht und die Erfolgschancen steigen lässt.

Dennoch muss natürlich auch jede Bewerbung auf den Arbeitgeber und das Unternehmen abgestimmt werden. Daher muss im Einzelfall die Entscheidung gefällt werden, ob nicht auch ein Abweichen von den Regeln besser ist. Dies ist jedoch nur in Ausnahmefällen sinnvoll und betrifft meist die Kreativbranche. Hier gelten eigene Regeln bei den Bewerbungen und allgemeine Aussagen sind schwieriger zu treffen.

Wird die Bewerbung jedoch für ein herkömmliches Unternehmen angefertigt, das keinen Wert auf eine besonders außergewöhnliche Bewerbung legt, sollten die hier aufgeführten klassischen Regeln befolgt werden. Insbesondere kleine Unsauberkeiten sollten vermieden werden. Dazu gehört, dass die Formatierung nicht dem Standard entspricht und insgesamt sehr unstrukturiert erscheint.

Häufige Fehlerquelle ist hierfür der Lebenslauf. Diesen zu gestalten ist gar nicht so einfach und so wird einige Einarbeitungszeit benötigt, um einen professionellen Anschein zu erwecken. Wenn dies nicht gewünscht wird und so schnell wie möglich eine hochwertige Bewerbung angefertigt werden soll, dann probieren Sie doch die kostenlose Testversion aus. Mit dieser können Sie ganz bequem Ihren Lebenslauf gestalten, indem Sie Ihren Werdegang eingeben. Das Design und die weitere Gestaltung werden automatisch von der Software angelegt.

In diesem Sinne sollte einer erfolgreichen Bewerbung nichts im Wege stehen und der Traumjob ist nur noch eine E-Mail entfernt. Mithilfe der Tipps und der sorgfältigen Umsetzung der Gestaltungshinweise ist die Wunschstelle in greifbarer Nähe.

Impressum

Ein Buch erschienen bei

Cherry Media GmbH
Bräugasse 9
94469 Deggendorf
Deutschland

info@cherrymedia.de

47741506R00134

Printed in Poland
by Amazon Fulfillment
Poland Sp. z o.o., Wrocław